全国气候影响评价
CHINA CLIMATE IMPACT ASSESSMENT

2015

中国气象局国家气候中心
National Climate Center/CMA

气象出版社
China Meteorological Press

内 容 简 介

本书是中国气象局国家气候中心气象灾害风险管理室业务产品之一。全书共分为五章，第一章作为气候背景，综合分析了我国2015年气候概况以及大气环流的基本特征；第二章重点分类综述了对我国影响较大的干旱、暴雨洪涝、台风、低温、高温、沙尘暴以及雾、霾等重大天气气候事件及其影响；第三、四章分别阐述了气候对农业、水资源、生态、大气环境、风力发电、交通和人体健康等的影响评估；第五章摘录了全国各省（区、市）气候影响评价分析。

本书资料翔实、内容丰富，较好地概括了2015年我国气候与环境和社会经济因素之间相互作用及影响，可供从事气象、农业、水文、生态以及环境保护等方面的业务、科研和管理人员参考。

图书在版编目（CIP）数据

全国气候影响评价.2015 / 中国气象局国家气候中心编.-- 北京：气象出版社，2016.10
ISBN 978-7-5029-6378-1

Ⅰ.①全…　Ⅱ.①中…　Ⅲ.①气候影响-评价-中国-2015　Ⅳ.①P468.2

中国版本图书馆 CIP 数据核字（2016）第 217448 号

出版发行：气象出版社

地　　址：北京市海淀区中关村南大街 46 号　　　　邮政编码：100081
电　　话：010-68407112（总编室）　010-68409198（发行部）
网　　址：http://www.qxcbs.com　　　　E-mail：　qxcbs@cma.gov.cn
责任编辑：陈　红　　　　　　　　　　　　终　　审：邵俊年
责任校对：王丽梅　　　　　　　　　　　　责任技编：赵相宁
封面设计：阳光图文
印　　刷：北京中新伟业印刷有限公司
开　　本：787mm×1092mm　1/16　　　　印　　张：8.5
字　　数：160 千字
版　　次：2016 年 11 月第 1 版　　　　　　印　　次：2016 年 11 月第 1 次印刷
定　　价：35.00 元

《全国气候影响评价》(2015)

主　　编:廖要明　钟海玲

编著人员(以姓氏拼音为序):

段居琦　高　歌　韩丽娟　侯　威　黄大鹏

李　莹　刘昌义　廖要明　柳艳菊　石　帅

司　东　宋艳玲　王　飞　王　阳　王有民

徐良炎　翟建青　赵珊珊　钟海玲　朱　蓉

朱晓金

审稿专家:叶殿秀　高　歌

目　　录

第一章 全国气候概况与大气环流特征

第一节 全国气候概况

2015 年，全国降水量总体偏多，但阶段性变化大、区域性差异明显。其中冬、夏季偏少，春季接近常年同期，秋季偏多明显；长江中下游及广西、新疆等地偏多，西南西部及海南、辽宁等地偏少。全国平均气温为 1961 年以来最高值，其中华南年平均气温为历史最高，东北、华北和西北为次高值；四季气温均偏高。总体而言，气候属一般年景。

2015 年，华南前汛期开始晚、结束早、雨季短、雨量偏少；梅雨入梅时间偏早，出梅时间偏晚，梅雨期降水量偏多；华北雨季开始晚、结束早，降水量为近 13 年来次少；华西秋雨开始早、结束早、雨量偏少，华西北部出现空汛，呈现出"南多北空"特点。从流域看，长江、珠江流域降水量偏多，其中长江流域偏多 12%，为近 17 年来最多；辽河和黄河流域均偏少。

2015 年，我国干旱主要发生在北方地区，影响总体偏轻；汛期，全国没有发生大范围流域性暴雨洪涝灾害，洪涝灾害总体偏轻，但南方部分地区因降雨集中，强度强，对城市运行、道路交通、农业生产和人民生命财产等造成不利影响；台风生成个数多，登陆个数少，但登陆强度强，强台风"彩虹"致灾重；华南南部及新疆夏季高温天气频繁，长江中下游出现凉夏；部分地区出现阶段性低温冷冻害，但影响总体偏轻；强对流天气发生频繁，死亡人数偏多，经济损失偏重；春季北方沙尘天气少，影响偏轻；我国中东部雾、霾天气频繁，对交通和人体健康影响大。

2015 年，我国极端高温事件较常年略偏多，但较前两年明显偏少；极端降水事件接近常年。与 2000—2014 年平均值相比，农作物受灾面积和死亡、失踪人数均明显偏少，直接经济损失略偏少。总体来看，2015 年气象灾害属偏轻年份。

一、降水

1. 年降水量总体偏多，但阶段性变化大、区域性差异明显

2015 年，全国平均降水量 648.8 毫米，较常年（629.9 毫米）偏多 3%，较 2014 年（636.2 毫米）偏多 2%（图 1.1.1）。降水阶段性变化大，2 月、3 月、4 月和 7 月降水量较常年同期偏少，其中 7 月偏少 26.5%，3 月偏少 26.1%；1 月、5 月、6 月、9 月、10 月、11 月和 12 月偏多，其中 11 月和 12 月分别偏多 1.1 倍和 1.3 倍；8 月接近常年同期。

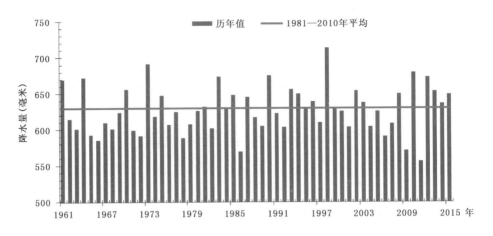

图 1.1.1　1961—2015 年全国平均年降水量历年变化

2015 年,长江中下游及其以南地区降水量偏多,其中长江中下游地区(1563.7毫米)偏多 17%,华南地区(1821.5 毫米)偏多 9%;东北、西南和西北地区降水量偏少,其中东北地区(551.6 毫米)偏少 6%,西南地区(978.9 毫米)偏少 3%;华北地区降水量接近常年。七大江河流域中,长江、珠江流域降水量偏多,其中长江流域(1322.5 毫米)偏多 12%,为近 17 年来最多,珠江流域(1728.5 毫米)偏多 11%;辽河、黄河流域降水量偏少,其中辽河流域(507.6 毫米)偏少 14%,黄河流域(433.6 毫米)偏少 7%,为近 13 年来最少;松花江、海河、淮河流域降水量接近常年。与 2014 年相比,除黄河流域偏少外,其余六大江河流域降水量均偏多。

2015 年,全国有 12 个省(区、市)降水量较常年偏少(图 1.1.2),其中海南、西藏、辽宁分别偏少 26%、26%、18%,西藏降水量为 1961 年以来最少;有 18 个省(区、市)降水量较常年偏多,其中上海、江苏、广西分别偏多 44%、31%、25%,上海降水量为1961 年以来最多,江苏、广西和浙江均为历史第二多;河北降水量接近常年。

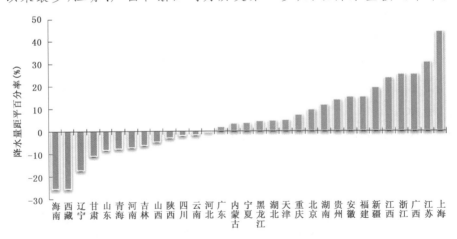

图 1.1.2　2015 年各省(区、市)降水量距平百分率

从空间分布看,2015年,长江中下游及其以南地区以及重庆、贵州、四川东部、云南大部等地降水量有800～2000毫米,其中安徽南部、浙江西部、江西东北部、福建西北部、广西东北部、广东中部等地超过2000毫米;东北、华北大部、西北东南部及内蒙古东北部、四川西部、西藏东部、青海东南部等地有400～800毫米,内蒙古中西部、陕西北部、宁夏、甘肃中部、青海大部、西藏中部和西部、新疆北部等地100～400毫米,新疆南部、甘肃西部等地不足100毫米(图1.1.3)。广西永福年降水量(3259.8毫米)为全国最多,安徽黄山(3222.4毫米)次多;新疆托克逊年降水量(15.8毫米)为全国最少。

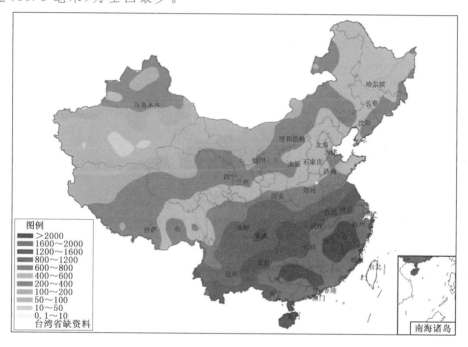

图1.1.3　2015年全国年降水量分布(单位:毫米)

与常年相比,江淮东部、江南中东部及福建西北部、广西北部、贵州东南部、新疆东部和南部、青海西北部、西藏西部等地降水量偏多20％至1倍,局部地区偏多1倍以上;辽宁中部、山东半岛南部、云南西北部、西藏中部、海南大部等地偏少20％～50％;全国其余大部地区降水量接近常年(图1.1.4)。

2. 冬、夏季降水偏少,春季接近常年,秋季偏多明显

冬季(2014年12月至2015年2月),全国平均降水量38.4毫米,较常年同期(40.8毫米)偏少5.8％。除东北及内蒙古东部、河北东北部、天津、山西北部、甘肃西北部和中部、青海中部、新疆东南部、西藏中部、云南、广东西南部等地降水量偏多20％至2倍外,全国其余大部地区接近常年同期或偏少,其中华北西南部、黄淮大部、江淮大部、江南南部及内蒙古西部、宁夏北部、陕西中部和南部、湖北北

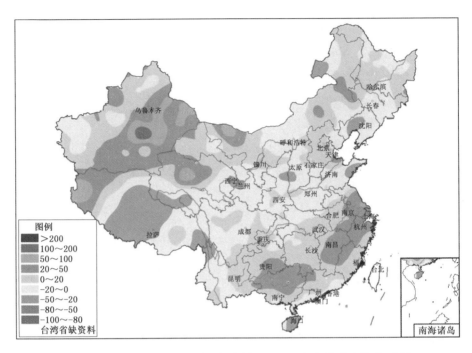

图 1.1.4 2015 年全国年降水量距平百分率分布(单位:%)

部、福建、贵州东部、四川中部、新疆西南部等地偏少 20%～80%,局地偏少 80%以上。

春季(3—5 月),全国平均降水量 145.0 毫米,接近常年同期(143.7 毫米)。东北中部和西北部、华北东南部、黄淮中西部、西北东南部及内蒙古东部和西北部、青海中部和西南部、新疆中南部、湖北西北部、江苏南部、广东中部等地降水量较常年同期偏多 20% 至 1 倍,局部偏多 1 倍以上;全国其余大部地区接近常年同期或偏少,其中内蒙古中部、山东半岛、湖南中部、广东西南部、广西东南部、海南、云南西部和南部、新疆西南部等地偏少 20%～80%。

夏季(6—8 月),全国平均降水量 297.6 毫米,较常年同期(325.2 毫米)偏少8.5%。除江淮、江南东北部及贵州东南部、青海中北部、新疆东部和西南部、西藏西北部等地降水量较常年同期偏多 20% 至 1 倍外,全国其余大部地区接近常年同期或偏少,其中东北西南部、华北大部、黄淮大部、西北东部及内蒙古中部、青海南部、西藏中部、广东南部、海南大部等地偏少 20%～50%,内蒙古中部、宁夏北部部分地区偏少 50%～80%。

秋季(9—11 月),全国平均降水量 151.0 毫米,较常年同期(119.8 毫米)偏多26%,为 1961 年以来历史同期第三多。除东北地区东北部和西南部及西藏、新疆西南部等地降水量偏少 20%～80% 外,全国其余大部地区降水量偏多或接近常年同期,其中华北大部、黄淮东部、江淮东部、江南、华南大部、西北中部和西部以及内蒙古大部、四川东部、贵州南部等地偏多 20% 至 1 倍,华南西部及南疆大部、内

4

蒙古中西部等地偏多 1 倍以上。

3. 暴雨日数较常年偏多

2015 年,全国共出现暴雨(日降水量≥50.0 毫米)6799 站日,比常年(5992 站日)偏多 13%。华南、江南、江淮大部、江汉东南部、西南东部等地暴雨日数有 3～7 天,其中,广东大部、广西大部、江西东北部等地有 7～10 天。与常年相比,广西中北部、广东北部、贵州东南部、江西大部、湖北东部、安徽南部、江苏南部、浙江西部和北部等地暴雨日数偏多 1～3 天,广西北部偏多 3～5 天。

4. 极端降水事件接近常年

2015 年,全国共有 218 站的日降水量达到极端事件监测标准(图 1.1.5),极端日降水事件站次比(达到极端事件标准的站次数占监测总站数的比例)为 0.11,接近常年(0.10)。全国共有 36 站日降水量突破历史极值,福建清流(367.9 毫米)、广东澄海(339.8 毫米)和广西金秀(331.4 毫米)等 9 站日降水量超过 300 毫米。在暴雨少发地区,如新疆巩留(94.8 毫米)、青海乌兰(43.9 毫米)等多站日降水量突破历史极值。全国共有 22 站连续降水量突破历史极值,主要出现在江苏、浙江和新疆等地。

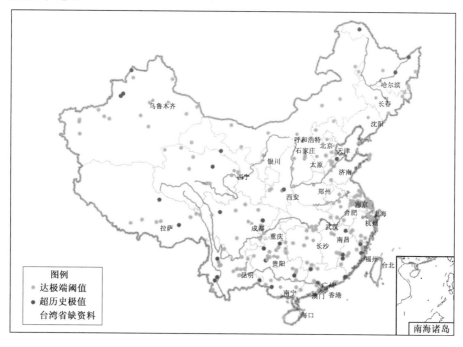

图 1.1.5　2015 年全国极端日降水量事件站点分布

2015 年,全国共有 217 站的连续降水日数达到极端事件标准,站次比为 0.10,较常年(0.13)略偏少;全国共有 25 站连续降水日数突破历史极值,主要分布在河北、新疆等地。

5

二、气温

1.年平均气温为历史最高值

2015年,全国平均气温10.5℃,较常年(9.6℃)偏高0.9℃,为1961年以来最暖的一年(图1.1.6);全年中各月气温均较常年同期偏高,其中1—3月均偏高1.5℃以上。全国六大区域(东北、华北、西北、长江中下游、华南和西南)气温均偏高,其中东北和西北分别偏高1.1℃和1.0℃;华南年平均气温为历史最高,东北、华北和西北为次高。从空间分布看,全国大部地区气温较常年偏高0.5℃以上,其中东北北部、西北大部及山东大部、江苏大部、内蒙古大部、辽宁中部、四川东部和南部、贵州西部等地偏高1～2℃(图1.1.7)。

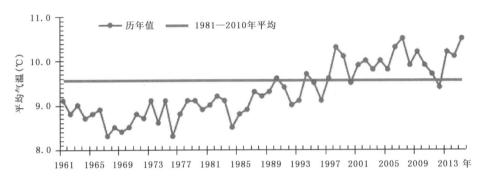

图1.1.6　1961—2015年全国年平均气温历年变化

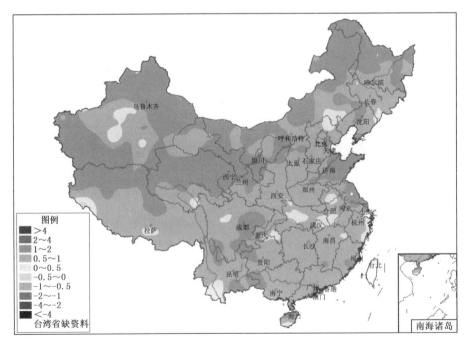

图1.1.7　2015年全国年平均气温距平分布(单位:℃)

6

2015年，全国31个省（区、市）气温均较常年偏高（图1.1.8），其中北京、四川、宁夏、广东、广西、新疆、河南、贵州、辽宁、青海10个省（区、市）平均气温均为历史最高。

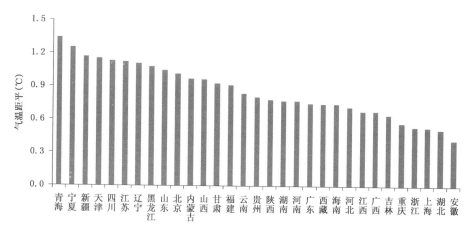

图1.1.8　2015年各省（区、市）年平均气温距平

2. 四季气温均偏高

冬季（2014/2015），全国平均气温−2.3℃，较常年同期（−3.4℃）偏高1.1℃。其中，2014年12月全国平均气温偏低0.2℃，2015年1月和2月分别偏高1.9℃和1.5℃，呈现出前冬冷、后冬暖的特点。与常年同期相比，除华南东部和南部及云南南部、西藏大部、新疆中部、甘肃西部、黑龙江东部等地气温接近常年同期或偏低外，全国其余大部地区气温偏高，其中华北大部、东北西部、西北中部、黄淮、江汉大部、江南西部及新疆北部、内蒙古大部、贵州东部偏高1～2℃，内蒙古东北部偏高2～4℃。

春季，全国平均气温11.4℃，较常年同期（10.4℃）偏高1.0℃，仅低于2008年春季（11.8℃），与2013年和2014年春季并列为1961年以来历史同期第二高。与常年同期相比，全国大部地区气温偏高0.5℃以上，其中西北中西部、东北东部和南部、华北东部、西南中东部、华南西部等地偏高1～2℃。

夏季，全国平均气温21.2℃，较常年同期（20.9℃）偏高0.3℃。气温区域差异大，全国除新疆、西藏中部、云南、黑龙江西北部、内蒙古东北部等地气温偏高外，中东部大部地区气温接近常年同期或偏低，其中长江中下游及重庆、贵州北部等地偏低0.5～1℃，安徽局地偏低1～2℃，长江中下游地区出现凉夏。

秋季，全国平均气温10.7℃，较常年同期（9.9℃）偏高0.8℃。与常年同期相比，除东北、华北大部、黄淮、江淮及新疆大部、内蒙古东部等地气温接近常年外，全国其余大部地区气温偏高，其中西北中部、西南大部及广东南部、海南北部等地偏高1～2℃，青海东南部偏高2～4℃。

3. 高温日数较常年偏多

2015年,全国平均高温(日最高气温≥35℃)日数8.5天,较常年(7.7天)偏多0.8天,较2014年(9天)偏少0.5天。江南南部、华南大部及重庆北部、新疆大部等地高温日数有15~30天,广西南部、广东西部、海南、新疆东部和南部等地超过30天。与常年相比,华南南部及云南东南部、新疆北部和西部等地高温日数偏多5~10天,广西南部、海南等地偏多10天以上;江南、江淮西部、江汉及重庆南部等地偏少5~15天。夏季,新疆平均高温日数21.2天,比常年同期偏多7天;海南平均高温日数25.1天,较常年偏多14.5天,均为1961年以来历史同期最多。

4. 极端高温事件略偏多,但较前两年明显偏少

2015年,全国共有265站日最高气温达到极端事件标准,极端高温事件站次比为0.19,较常年(0.12)略偏多,但较2013年(0.8)和2014年(0.35)明显偏少;全国有66站日最高气温突破历史极值,主要分布在四川、云南、新疆、宁夏、吉林、辽宁等省(区)(图1.1.9);全国有213站连续高温日数达到极端事件标准,极端连续高温事件站次比(0.16)较常年(0.13)偏多。

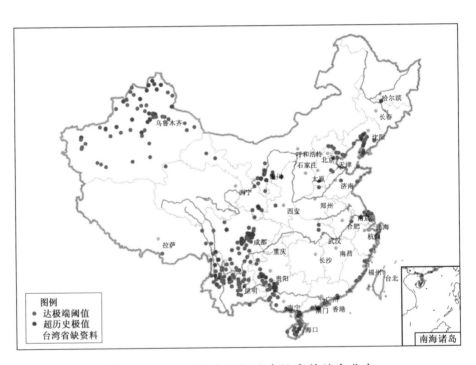

图 1.1.9 2015 年全国极端高温事件站点分布

2015年,全国仅有14站日最低气温达到极端事件标准,极端低温站次比0.01,较常年(0.11)偏少;全国共有345站日降温幅度达到极端事件标准,其中62站突破历史极值。

三、季节转换春夏季偏早、秋冬季正常

春季，华南及云南1月入春，江南中部及重庆、四川东部2月入春，华北东部、黄淮大部、江淮、江汉及湖南北部、浙江北部3月入春，东北大部、西北东部及内蒙古东部、山西北部、北疆等地4月入春，内蒙古东北部、青海北部5月以后入春。与常年相比，全国大部入春时间接近常年或偏早，其中华北东部、黄淮大部、江淮入春偏早10～20天，西南东部及广西北部、湖南南部、江西北部的部分地区偏早20天以上。

夏季，华南北部、江南中部及四川东部4月入夏，华北东部、黄淮西部、江淮西部及湖南西部、浙江5月入夏，东北及内蒙古、西北大部、华北西部等地6--7月入夏。与常年相比，除西北东部和山西的部分地区入夏偏晚5～15天外，全国其余大部地区接近常年或偏早，其中东北中部、华北东部、西南东部、华南中西部、江南中西部等地偏早10～20天，部分地区偏早20天以上。

秋季，东北大部、西北中东部及山西8月入秋，华北东部、黄淮大部9月入秋，江南、华南北部10月入秋，华南南部11月入秋。与常年相比，西南东部、江南东北部及山西北部偏早10～20天，部分地区偏早20天以上；西北中东部、华南南部及云南等地偏晚10～20天，沿海部分地区偏晚20天以上。

冬季(2015/2016)，东北北部及内蒙古东部9月入冬，东北南部、西北大部、华北大部等地10月入冬，黄淮大部、江淮、江汉及湖南、贵州等地11月入冬。与常年相比，江淮及甘肃大部、陕西南部、贵州北部偏晚5～15天，黑龙江南部、山东北部偏早5～10天，北疆偏早10～20天。

四、日照时数

1. 全国大部年日照时数偏少

2015年，淮河以北大部地区、江淮、西南中西部和南部、华南南部日照时数一般有1500～2500小时，西北大部、华北北部及内蒙古大部、西藏中西部超过2500小时；江南大部、华南大部、西南东部为1000～1500小时，贵州中东部、湖南西部、广西北部等地不足1000小时。与常年相比，除海南日照时数偏多100～200小时外，全国其余大部地区偏少100小时以上，其中江南大部、华南北部及黑龙江中部、辽宁、新疆北部等地偏少300～400小时，局部偏少超过400小时(图1.1.10)。

2. 冬、春季日照时数接近常年同期，夏季南方偏少、秋季中东部大部偏少

冬季(2014/2015)，全国大部地区日照时数接近常年同期。

春季，除海南偏多100～200小时外，全国大部地区日照时数接近常年同期。

夏季，全国大部地区日照时数接近常年同期或偏少，其中江淮东部、江南大部、华南北部及贵州东南部等地偏少100～200小时。

秋季，全国大部地区日照时数接近常年同期或偏少，其中西北西部、东北中南

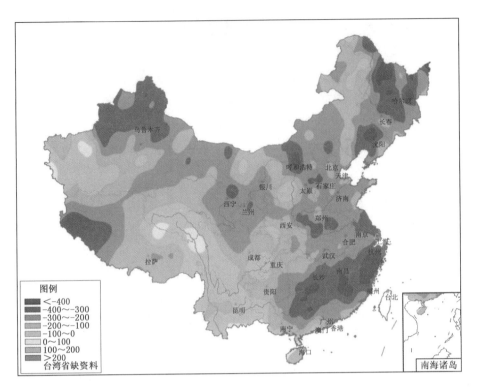

图 1.1.10　2015 年全国年日照时数距平分布（单位：小时）

部、华北、黄淮、江南大部、华南大部及内蒙古中部和西部偏少 100～200 小时。

第二节　大气环流特征

一、北半球大气环流基本特征

冬季（2014/2015），北极涛动以正位相为主，欧亚中高纬地区盛行纬向环流，以平直西风气流为主。北半球 500 百帕季平均位势高度距平场上，北大西洋北部和东西伯利亚经北太平洋北部至北美西部地区为高于 40 位势米的正距平控制。北太平洋东部及格陵兰岛附近为低于 —40 位势米的负距平控制。季内，西伯利亚高压总体偏弱，我国上空主要受正高度距平控制，东亚冬季风强度偏弱。

春季，北极涛动维持较强正位相，欧亚中高纬地区盛行纬向型环流，亚洲中高纬地区为正高度距平控制。北半球 500 百帕季平均位势高度距平场上，欧洲西部、北太平洋西北部及东北部局部等地为高于 40 位势米的正距平控制。而北大西洋北部至格陵兰岛附近为低于 —40 位势米的负距平控制。季内，西太平洋副热带高压面积偏大、强度偏强、西伸脊点偏西。

夏季，北半球 500 百帕季平均位势高度距平场上，极区中心至北美东北部局部、欧洲中部、俄罗斯中南部等地为高于 40 位势米的正距平控制；北大西洋东北部、俄罗斯西北部部分地区为低于—40位势米的负距平中心控制。西太平洋副热带高压面积偏大、强度偏强、西伸脊点偏西、脊线位置偏南。东亚夏季风强度明显偏弱。

秋季,北半球500百帕季平均位势高度距平场上,欧亚大陆高纬地区、白令海至阿拉斯加湾西部、北美东北部部分地区等地上空为高于40位势米的正距平控制。中亚北部、格陵兰南部及周边海域、北极点附近海域为低于—40位势米的负高度距平控制。欧亚中高纬度地区呈现"西低东高"的分布型,我国大部地区为正高压脊控制。季内,西太平洋副热带高压偏强、西伸脊点偏西、脊线位置偏南。

1.中高纬度环流系统

2015年,5月亚洲极涡面积偏大,1—2月、4月和6—8月亚洲极涡面积偏小,3月、9—11月接近常年(图1.2.1)。

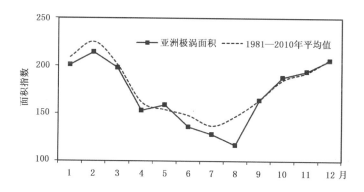

图1.2.1 2015年逐月亚洲极涡面积指数变化

冬季(2014/2015),东亚大槽位置2014年12月至2015年1月接近常年,2月偏西。印缅槽强度2月明显偏强,其余月份以偏弱为主。北极涛动以正位相为主。海平面气压距平场分布特征显示,欧亚大陆中高纬地区、北太平洋东部总体为负距平控制,阿留申低压强度偏强。850百帕纬向风场距平上,赤道太平洋地区为西风距平控制。

夏季,西南低空急流发生频次显著高于常年,低空急流位置较常年同期略偏南。作为水汽输送通道,频次偏多的低空急流有利于将水汽向内陆地区输送。此外,500百帕高度场上,我国中东部大部地区主要受高空槽控制,冷空气活动相对活跃。冷空气与低空急流输送的暖湿气流在我国长江中下游及江淮地区频繁交汇。

2015年欧亚和亚洲西风环流指数的月际变化(图1.2.2)表明:亚洲及欧亚地区1—4月、7月和11—12月纬向环流明显占优势,而8—10月主要以经向环流为主。

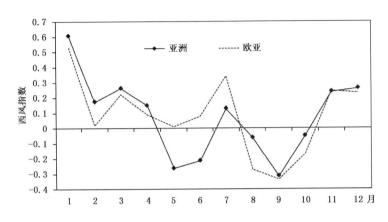

图 1.2.2　2015 年逐月亚洲和欧亚西风指数变化

2. 副热带环流系统

2015 年,西太平洋副热带高压除 2 月面积偏小、强度偏弱外,其他月份均面积偏大、强度偏强;西伸脊点除 2 月和 7 月偏东外,其他月份均偏西;脊线 3—7 月偏北,2 月、8—10 月偏南(图 1.2.3)。总的来说,2015 年西太平洋副热带高压面积偏大、强度偏强、西伸脊点偏西,脊线位置先偏北后偏南。

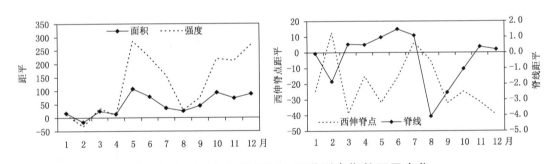

图 1.2.3　2015 年逐月西太平洋副高指数距平变化

3. 热带对流活动

2015 年 1—4 月,强对流活动(通常用射出长波辐射通量距平来表征)由赤道西太平洋东部东移到赤道中太平洋地区,对流活动中心位于日界线及其附近地区。5—6 月,对流活动扩展至整个赤道中东太平洋地区。7 月,赤道中太平洋地区的对流活动出现中断,对流区位于赤道东太平洋。8—10 月,赤道中太平洋地区对流偏强,对流中心位于日界线地区,而赤道东太平洋地区的强对流区则向西收缩至 135°W 以西。赤道西太平洋地区对流活动自 2 月开始一直处于偏弱状态,特别是 5—12 月,随着厄尔尼诺事件的发展,赤道西太平洋地区的对流活动显著偏弱(图 1.2.4)。赤道太平洋对流活动的异常分布及演变特征与海表温度的发展演变相对应,反映了热带大气对赤道中东太平洋暖水波动的响应。

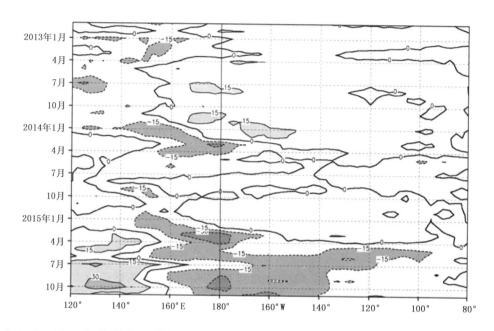

图 1.2.4　2015 年热带太平洋射出长波辐射(OLR)距平(单位:瓦/米²)时间—经度剖面图

二、亚洲夏季风活动

亚洲地区的季风主要包括印度季风(南亚季风)和东亚季风(南海季风和东亚副热带季风)。南海夏季风的活动和强度变化,东亚副热带夏季风进程等对我国夏季降水异常的分布均会产生影响。

1. 南海夏季风

2015 年 5 月第 5 候开始,索马里越赤道气流和赤道印度洋西风明显增强,从索马里经赤道印度洋、孟加拉湾、中南半岛至南海北部地区的西南暖湿水汽通道完全建立。南海夏季风于 5 月第 5 候爆发,爆发时间与常年(5 月第 5 候)一致。10 月第 2 候,监测区内假相当位温降到临界值(340K)之下,纬向风由西风转为东风。经索马里转向的西南季风气流明显减弱并撤出南海地区,东北气流开始稳定地占据南海上空。南海夏季风于 10 月第 2 候结束,结束时间较常年(9 月第 6 候)偏晚 2 候。

2015 年南海夏季风强度指数为 −0.9,强度偏弱。南海夏季风强度的逐候演变显示,自 5 月第 5 候南海夏季风爆发后,除 6 月第 5 候至 7 月第 4 候、8 月第 5 候和 9 月第 5—6 候强度偏强外,其余时段强度均较常年同期偏弱(图 1.2.5)。

2. 东亚夏季风

针对东亚副热带夏季风活动及其对我国东部夏季雨带位置分布影响的复杂性,目前相关科研业务领域有多种不同指数/指标从不同角度和侧面来描述其特征。张庆云等定义的东亚夏季风指数,采用东亚热带季风槽区与东亚副热带地区

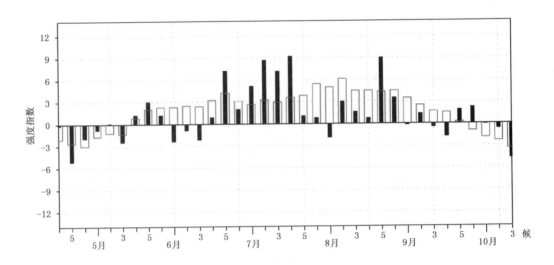

图 1.2.5　2015 年 5—10 月南海监测区纬向风强度指数逐候变化
(单位:米/秒,空心柱为 1981—2010 年平均值)

6—8 月平均的 850 百帕风场的纬向风距平差,能较好地反映夏季中国东部降水的年际变化特征。2015 年该指数为 0.1,强度接近常年(图 1.2.6)。

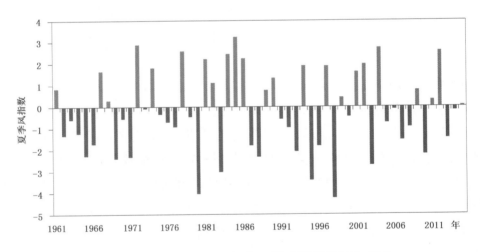

图 1.2.6　1961—2015 年东亚夏季风指数历年变化

3. 我国东部季风雨带的进退特征

2015 年 5 月第 1—5 候,我国东部雨带主要维持在华南地区,5 月第 6 候,随着西太平洋副热带高压的北抬,夏季风推进至江南地区,江南进入梅雨季节,入梅日期较常年偏早。随着西太平洋副热带高压的持续北抬,长江和江淮地区分别于 6 月第 3 候和 6 月第 4 候入梅。6 月第 5 候,华南前汛期结束,结束时间较常年偏早。7 月第 2—3 候,西太平洋副热带高压突然南撤,7 月第 4 候副高再次北抬,7

月第 5 候华北雨季开始,开始时间偏晚。同时,我国江淮地区出梅。7 月第 6 候,长江和江南地区相继出梅。出梅时间均较常年偏晚。8 月第 3 候,西太平副热带高压和东亚季风开始逐渐南撤,季风雨带也开始南移。8 月第 4 候,华北雨季结束。随着季风的进一步南撤,8 月第 5 候,我国华西地区降水明显增多,华西秋雨开始。10 月第 2 候,华西秋雨结束。随着北方冷空气南下影响我国华南沿海和南海地区,夏季风开始撤离南海地区,南海夏季风于 10 月第 2 候结束。

三、赤道中东太平洋海温

2015 年,赤道中东太平洋大部海温异常偏暖,厄尔尼诺事件继续发展。1—3 月,赤道中太平洋海温呈现出显著偏暖状态,而赤道东太平洋地区海温基本接近正常,其中 2 月 Niño 1+2 区局地海温出现了一次冷水波动;4—10 月,赤道中东太平洋海温明显上升,厄尔尼诺事件显著发展,暖海温中心由赤道中太平洋东移至赤道东太平洋地区(图 1.2.7);特别是 9—11 月,Niño Z(尼诺综合区)海表温度距平指数连续 3 个月达到或超过 2.0℃。本次厄尔尼诺事件为一次超强厄尔尼诺事件,成为历史上最强的厄尔尼诺事件。

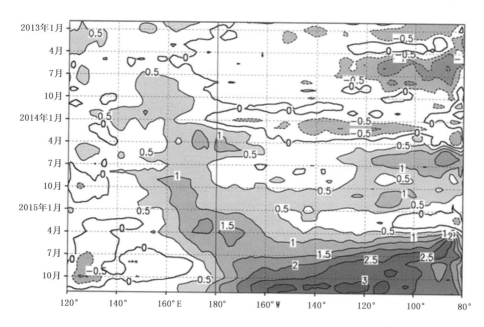

图 1.2.7　赤道太平洋(5°N ～ 5°S)海表温度距平时间—经度剖面(单位:℃)

四、评价方法与标准

1.亚洲区极涡面积指数(1 区,60°～150°E)

在 500 百帕高度场上,北半球 60°～150°E 范围内极涡南界特征等高线(表1.2.1)以北所包围的扇形面积称为亚洲区极涡面积指数。

表 1.2.1　500 百帕高度场 2015 年各月北半球极涡南界特征等高线(位势什米)

月	1	2	3	4	5	6	7	8	9	10	11	12
等高线	548	552	552	552	560	568	572	572	568	564	556	552

该极涡面积指数可利用球面积公式(1.2.1)计算如下:

$$S = \int_{\varphi}^{\frac{\pi}{2}} \int_{\lambda_1}^{\lambda_2} R^2 \cos\varphi \mathrm{d}\varphi \mathrm{d}\lambda = R^2 (1 - \sin\varphi)(\lambda_2 - \lambda_1) \tag{1.2.1}$$

式中,S 单位为 10^5 平方千米,λ_2 和 λ_1 分别为两经度值(单位:弧度),φ 为极涡南界的纬度,R 为地球半径(其值取 6378 千米)。

2.欧亚纬向环流指数(I_Z,$0°\sim150°E$)

在 500 百帕高度场上,对欧亚区域($45°\sim65°N,0°\sim150°E$)以 30 个经度为间隔划分为 5 个区,分别按照公式(1.2.2)计算纬向指数 I_{Zi},然后计算 5 个区的平均纬向指数,即为欧亚纬向环流指数。

$$I_Z = -\frac{\overline{\Delta z}}{\Delta \varphi} = \frac{\overline{z_1 - z_2}}{\varphi_2 - \varphi_1} = \frac{\sum\limits_{i=1}^{l} z_{1i} - \sum\limits_{i=1}^{l} z_{2i}}{l(\varphi_2 - \varphi_1)} \tag{1.2.2}$$

式中,φ_1、φ_2 表示计算 I_z 的纬度范围,z_{1i}、z_{2i} 分别是在 φ_1、φ_2 两个纬圈上的高度值,l 为分别在 φ_1、φ_2 纬圈上均匀取点的高度值的数量。

3.欧亚经向环流指数(I_M,$0°\sim150°E$)

在 500 百帕高度场上,对欧亚区域($45°\sim65°N,0°\sim150°E$)以 30 个经度为间隔划分为 5 个区,分别按照公式(1.2.3)计算经向指数 I_{Mi},然后分别计算 5 个区的平均经向指数,即为欧亚经向环流指数。

$$I_M = \frac{1}{n}\sum_{j=1}^{n}\left|\overline{\left(\frac{1}{\cos\varphi}\frac{\partial z}{\partial \lambda}\right)_j}\right| = \frac{1}{n}\sum_{j=1}^{n}\left|\frac{1}{m}\sum_{i=1}^{m}\left(\frac{1}{\cos\varphi_j}\frac{\Delta z_i}{\Delta \lambda}\right)_j\right| = \frac{1}{mn\Delta\lambda}\sum_{j=1}^{n}\left|\left[\sum_{i=1}^{m}\left(\frac{\Delta z_i}{\cos\varphi_i}\right)\right]_j\right|$$

$$\tag{1.2.3}$$

式中,n 为计算区域内的分区数,$\Delta\lambda = 15$ 经度,在 $45°N$、$55°N$ 和 $65°N$ 计算 Δz_i,$m = 3$。

4.亚洲纬向环流指数(I_Z,$60°\sim150°E$)

在 500 百帕高度场上,对亚洲区域($45°\sim65°N,60°\sim150°E$)以 30 个经度为间隔划分为 3 个区,分别按照公式(1.2.2)(参考"欧亚纬向环流指数")计算纬向指数 I_{Zi},然后计算 3 个区的平均纬向指数,即为亚洲纬向环流指数。

5.亚洲经向环流指数(I_M,$60°\sim150°E$)

在 500 百帕高度场上,对亚洲区域($45°\sim65°N,60°\sim150°E$)以 30 个经度为间隔划分为 3 个区,分别按照公式(1.2.3)(参考"欧亚经向环流指数")计算经向指数 I_{Mi},然后分别计算 3 个区的平均经向指数,即为亚洲经向环流指数。

6. 西风环流指数

表述欧亚或亚洲西风带环流以经向环流占优还是以纬向环流占优(公式略)。

7. 南海夏季风

南海季风是指中国南海区域盛行风向随季节有显著变化的风系,属于热带性质的季风。夏半年南海低层盛行西南风,高层为偏东风。

南海夏季风爆发定义:以南海季风监测区内(10°~20°N,110°~120°E)850百帕平均纬向风和假相当位温为主要监测指标,当监测区内平均纬向风由东风稳定转为西风以及假相当位温稳定地大于340 K的时间(持续两候、中断不超过1候,或持续3候及以上),为南海夏季风爆发的主要指标。同时参考200百帕和850百帕、500百帕位势高度场的演变。

8. 东亚夏季风

季风地区夏季由海洋吹向大陆的盛行风。由于夏季亚洲大陆上为巨大的热低压控制,海洋上是高气压,气流由高气压区吹向低气压区,形成夏季风。位于低压南部的南亚、东南亚及中国西南一带,盛行西南季风;位于低压东部的中国东部地区,盛行东南季风。东亚夏季风以阶段性的而非连续的方式进行季节推进和撤退,北进经历两次突然北跳和三次静止阶段。在这个过程中,季风雨带和季风气流以及相应的季风气团也类似地向北运动。

由于亚洲夏季风具有广阔的空间和时间尺度变率,许多学者从不同方面定义了不同的季风指数,其中张庆云等用东亚热带和副热带纬向风差值来定义东亚夏季风指数。

第二章　重大气候事件及其影响

第一节　干旱及其影响

2015年,全国平均降水量648.8毫米,较常年(629.9毫米)偏多3%,较2014年(636.2毫米)偏多2%,但降水时空分布不均,出现了区域性和阶段性干旱。年内主要干旱事件有:华北及内蒙古中部、华南发生春旱,云南中西部出现严重春夏连旱,华北西部、西北东部及辽宁等地出现夏秋连旱。受旱面积较大或旱情较重的有辽宁、山西、陕西、山东、云南、甘肃等省。

2015年,除华北西部及辽宁夏秋干旱影响较重外,华北及内蒙古中部、华南地区的春旱,云南春夏连旱等均未产生严重影响。总体而言,2015年我国干旱灾害偏轻。

一、主要干旱的分布特征及影响

根据MCI综合干旱指数和区域干旱指标统计结果,2014/2015年冬季,气象干旱主要出现在河北、山西、四川三省;2015年春季,气象干旱主要出现在广西、贵州、湖南、四川、云南、山西、河北、内蒙古等省(区);夏季,吉林、辽宁、内蒙古、河北、山西、陕西、山东、云南和西藏等省(区)发生不同程度的气象干旱;秋季,辽宁、山东、河南、山西、陕西、甘肃、青海、西藏等省(区)出现气象干旱(图2.1.1)。

2015年,我国干旱主要出现在东北中部和南部、西北东部、华北中部和南部、黄淮东部及内蒙古中部、云南、四川中西部、西藏中部。以 $MCI \leqslant -1.0$ 为标准统计,干旱日数达90天以上的地区有辽宁西部、山东东部、河北西南部、山西西南部、陕西中东部、青海东北部、云南西部、西藏中部(图2.1.2)。

2015年,全国农作物受旱面积1061.0万公顷,绝收面积104.6万公顷;受旱面积较常年偏小1381.5万公顷(图2.1.3)。内蒙古、辽宁和山西三省(区)因旱绝收面积占全国因旱绝收面积的58.6%。全国因旱造成5436.5万人次受灾,其中饮水困难人口454.2万人次;直接经济损失486.4亿元。

1. 华北及内蒙古中部、华南等地发生春旱

2014年11月至2015年3月,华北大部及内蒙古中部和西部地区降水量较常年同期普遍偏少2~5成,其中华北北部和西部及内蒙古中部偏少5成以上;气温较常年同期偏高1~2℃。雨少温高导致上述地区气象干旱迅速发展(图2.1.4),对华北地区冬小麦生长发育造成不利影响。

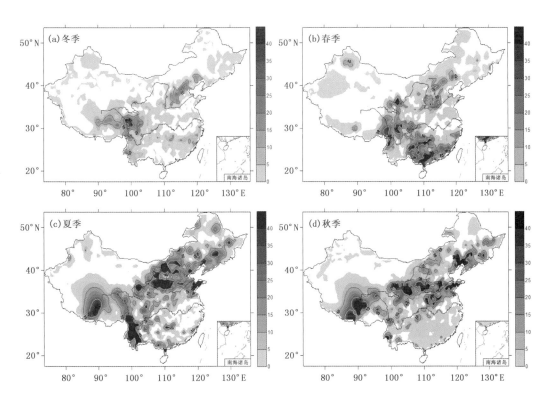

图 2.1.1　2015 年四季全国干旱(中旱及其以上等级干旱)日数分布图(单位:天)

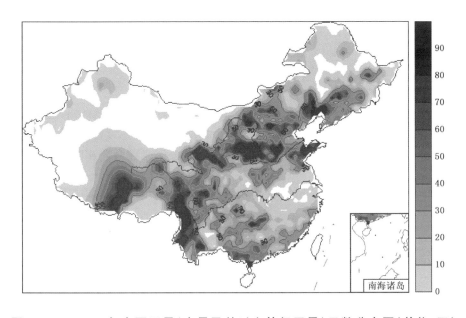

图 2.1.2　2015 年全国干旱(中旱及其以上等级干旱)日数分布图(单位:天)

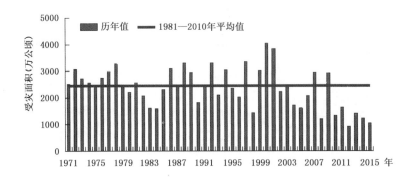

图 2.1.3　1971—2015 年全国年干旱受灾面积历年变化

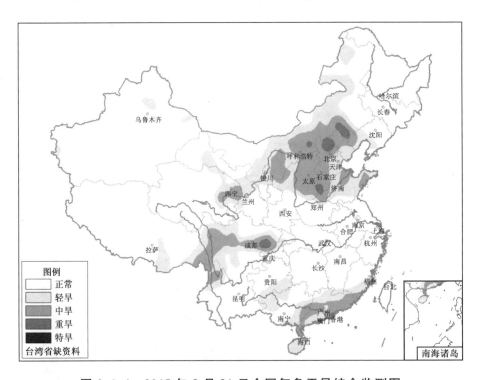

图 2.1.4　2015 年 3 月 31 日全国气象干旱综合监测图

2015 年 3 月上旬至 4 月下旬,华南大部及贵州东南部降水偏少,气温偏高。其中,广东、广西、贵州三省(区)平均降水量为 85.6 毫米,较常年同期(186.7 毫米)偏少 54.2%,为 1951 年以来历史同期第二少(1956 年为 85.4 毫米)。广西、贵州降水量分别为同期最少和第 4 少。由于降水持续偏少,气温偏高,华南及贵州等地自 3 月底开始气象干旱迅速发展(图 2.1.5),广西南部和西部部分蓄水较差地区早稻移栽进度受到一定影响。

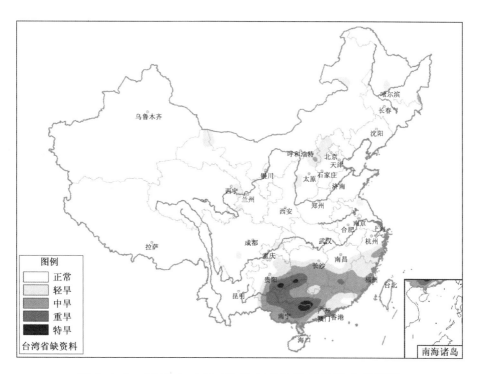

图 2.1.5　2015 年 4 月 27 日全国气象干旱综合监测图

2. 云南中西部出现严重春夏连旱

2015 年 5—7 月，云南中西部降水量较常年同期偏少 2～5 成，云南省平均降水量 362.8 毫米，较常年同期偏少 28.5%，为 1951 年以来历史同期最少；平均气温 22.5℃，为 1951 年以来历史同期最高。长时间高温少雨导致干旱持续并发展，云南西部普遍出现重度以上气象干旱（图 2.1.6），造成玉溪、楚雄、昆明等 7 个州（市）480.6 万人受灾，有 119.5 万人、97.1 万头大牲畜饮水困难，玉米、荞麦、烤烟、药材、水果等受灾面积 49.9 万公顷，绝收面积 8.7 万公顷，直接经济损失 22.6 亿元。

3. 华北西部、西北东部及辽宁等地遭受夏秋旱

2015 年 7 月上旬至 9 月下旬，华北西部、西北地区东部及内蒙古中部、辽宁中西部等地降水量普遍不足 200 毫米，较常年同期偏少 2～5 成，其中辽宁中部部分地区偏少 5～8 成。降水偏少导致华北西部、西北东部及内蒙古中部、辽宁中西部等地出现中到重度气象干旱，局地特旱（图 2.1.7）。

干旱造成河流湖泊及水库蓄水不足，给人民生活、农业和畜牧业生产造成不利影响。由于土壤墒情持续偏差，旱区玉米、马铃薯、大豆等秋收作物生长发育和产量受到一定影响。气象卫星监测显示，2015 年 8 月密云水库水体面积约为 69 平方公里，较 2001 年以来同期平均值偏小约 11%，比 2014 年同期偏小约 10%。

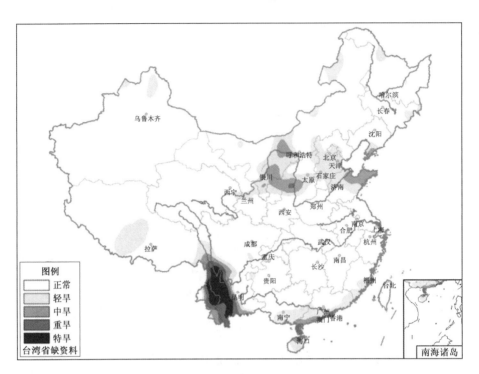

图 2.1.6   2015 年 7 月 4 日全国气象干旱综合监测图

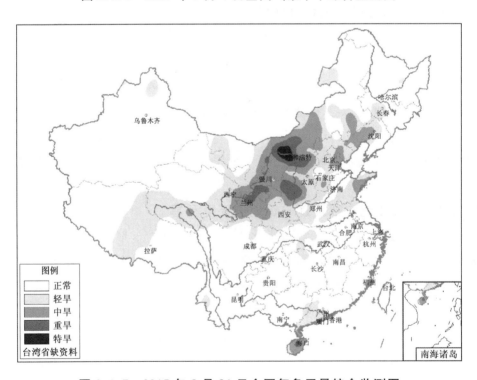

图 2.1.7   2015 年 8 月 31 日全国气象干旱综合监测图

二、干旱评价方法与标准

由于发生干旱的原因是多方面的,影响干旱严重程度的因子也很多,所以确定干旱的指标是一个复杂的问题。另外,干旱也有多种含义,在气象学意义上又分为长期干旱和短期干旱,长期干旱即在某特定气候条件下,历史上长期性持续缺少降水,一般年份降水量不足200毫米,形成固有的干旱气候,这些地区为干旱地区,如我国南疆盆地等,一般不做干旱监测;短期干旱是指某些地区因天气气候异常,使某一时段内降水异常减少,水分短缺的现象,它可以出现在干旱或半干旱地区的任何季节,也可出现在半湿润,甚至湿润地区的任何季节,此类干旱最容易造成灾害,故本节主要是针对此类干旱进行监测与评价。气象干旱综合指数(MCI)考虑了60天内的有效降水(权重平均降水)和蒸发(相对湿润度)的影响,以及季度尺度(90天)和近半年尺度(150天)降水长期亏缺的影响。该指标适合实时气象干旱监测,以及气象干旱对农业和水资源的影响评估。气象干旱综合指数的计算公式(2.1.1)如下:

$$MCI = a \times SPIW_{60} + b \times MI_{30} + c \times SPI_{90} + d \times SPI_{150} \quad (2.1.1)$$

$$SPIW_{60} = SPI(WAP), \quad (2.1.2)$$

$$WAP = \sum_{n=0}^{60} 0.95^n P_n \quad (2.1.3)$$

式中,$SPIW_{60}$为近60天标准化权重降水指数,标准化处理计算方法参考国标(GB/T 20481—2006),P_n为距离当天前第n天降水量。MI_{30}为近30天湿润度指数,SPI_{90}、SPI_{150}分别为90天、150天标准化降水指数,计算方法参考国标(GB/T 20481—2006)。a、b、c、d权重系数随着地区和季节变化进行调整,北方冬、春季一般取:0.2、0.2、0.3、0.4,夏、秋季一般取:0.3、0.4、0.3、0.2;南方冬、春季一般取:0.3、0.4、0.3、0.2,夏、秋季一般取:0.5、0.6、0.2、0.1。需要说明的是,系数a、b、c、d可根据当地气候状况和季节变化进行调整,这里给出的是参考值。气象干旱过程的确定和评价同国标(GB/T 20481—2006)。MCI气象干旱综合指数等级划分标准如表2.1.1。

表 2.1.1　气象干旱综合指数等级划分标准

等级	类型	MCI	干旱影响程度
1	无旱	> -0.5	地表湿润,作物水分供应充足;地表水资源充足,能满足人们生产、生活需要
2	轻旱	$-1.0 \sim -0.5$	地表空气干燥,土壤出现水分轻度不足,作物轻微缺水,叶色不正;水资源出现短缺,但对人们生产、生活影响不大
3	中旱	$-1.5 \sim -1.0$	土壤表面干燥,土壤出现水分不足,作物叶片出现萎蔫现象;水资源短缺,对人们生产、生活产生影响

等级	类型	MCI	干旱影响程度
4	重旱	$-2.0\sim-1.5$	土壤水分持续严重不足,出现干土层,作物出现枯死现象,产量下降;河流出现断流,水资源严重不足,对人们生产、生活产生较重影响
5	特旱	$\leqslant-2.0$	土壤水分持续严重不足,出现较厚干土层,作物出现人面积枯死,产量严重下降,甚至绝收;多条河流出现断流,水资源严重不足,对人们生产、生活产生严重影响

某时段(月、季、年)干旱指数 MCI_t:

$$MCI_t = \frac{2}{n}\sum_{k=1}^{n} MCI_k, \text{当 } MCI_k \leqslant -0.5 \text{ 时} \qquad (2.1.4)$$

式中,MCI_k 为某站(区域)k 日综合干旱指数,n 为某时段内的总天数。

某区域干旱指数 MCI_d:

$$MCI_d = \frac{2}{m}\sum_{j=1}^{m} MCI_j, \text{当 } MCI_j \leqslant -0.5 \text{ 时} \qquad (2.1.5)$$

式中,MCI_j 为某日(时段)j 站综合干旱指数,m 为某区域内的站数。区域干旱指数 MCI_d 和时段干旱指数 MCI_t 等级及相应的干旱类型见表 2.1.2。

表 2.1.2　区域干旱指数(MCI_d)和时段干旱指数(MCI_t)等级标准

MCI_d 或 MCI_t 值	等级	干旱类型
MCI_d 或 $MCI_t \geqslant -0.5$	4	无干旱
$-1.0 \leqslant MCI_d$ 或 $MCI_t < -0.5$	5	轻旱
$-1.5 \leqslant MCI_d$ 或 $MCI_t < -1.0$	6	中旱
MCI_d 或 $MCI_t < -1.5$	7	重旱

本节只对常年年降水量大于 200 毫米的地区和旬平均气温大于 0℃的时段进行评价,对常年干旱地区和植物停止生长的季节不进行评价。此外,还参考各省(区、市)气象部门以及民政、农业、水利等部门反映的受灾情况来确定干旱的范围和程度。

第二节　暴雨洪涝及其影响

2015 年,全国平均年降水量较常年偏多,冬、夏季降水量偏少,春季接近常年同期,秋季偏多明显。汛期(5—9 月),全国共出现 35 次区域性暴雨天气过程,较2014 年同期(29 次)偏多 6 次。春季,华南前汛期暴雨洪涝灾害重;夏季,南方暴雨过程多,部分城市内涝严重;华西秋雨频繁,四川、云南多地受灾;11 月,江南、华南出现强降雨,秋汛明显。据统计,2015年全国因暴雨洪涝及其引发的滑坡、泥石流灾害共造成6777万人次受灾,死亡(含失踪)701人;农作物受灾面积562万公顷,其中绝收66万公顷;倒塌房屋14.6万间,直接经济损失919.9亿元。2015年全国暴雨洪涝造成的受灾面积、死亡或失踪人数、直接经济损失均较1991—2014年平均值偏少;与2014年相比,死亡或失踪人数、直接经济损失均偏少,但农作物受灾面积偏多。总体上看,2015年全国未发生大范围的流域性暴雨洪涝灾害,暴雨洪涝灾害较常年偏轻;受灾较重的有湖南、四川、福建、安徽、湖北、云南、江西、贵州等省。

一、暴雨洪涝分布

2015年主汛期(6—8月),全国平均降水量297.4毫米,较常年同期(325.2毫米)偏少7.3%。其中,华北大部、西北东部、东北西南部、黄淮西部和东南部、华南南部及内蒙古中部、西藏中部、青海南部等地降水量偏少2～5成,局地偏少5～8成;江淮、江南东北部以及新疆东部和西南部等地降水偏多2成到1倍。暴雨洪涝主要发生在广西中东部、广东中西部、江西东部、福建西部和东北部、浙江西北部、江苏中南部、安徽北部、河北中部等地。

从6—8月降水百分位数分布图上可以看出(图2.2.1),江苏南部、浙江北部、安徽中东部、江西东北部及重庆西部、贵州中部、黑龙江东南部的部分地区达到了洪涝标准。

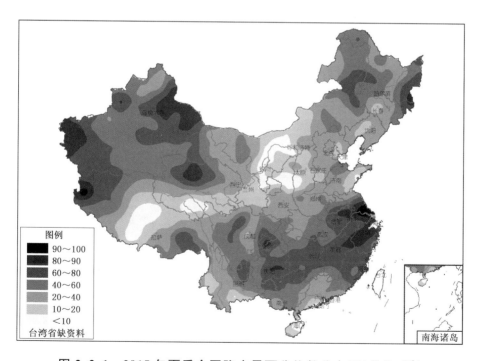

图2.2.1 2015年夏季全国降水量百分位数分布图(单位:%)

从月降水量距平百分率分析,5月广东中部,6月江苏中南部、安徽北部,7月浙江北部,8月江苏东部、福建东北部、黑龙江东南部,9月福建西部、江西中东部、广西中北部、重庆西部、河北中部、北京、天津,10月广西东部、广东西部等地达到了一般洪涝或严重洪涝标准。

从旬降水量分析,5月中旬广西北部、5月下旬广东中部、6月中旬江西东北部、7月下旬广西南部、8月上旬福建东北部、10月上旬广东西南部等地达到一般洪涝或严重洪涝标准。

此外,2015年全国共出现暴雨(日降水量≥50.0毫米)6799站日,比常年(5992站日)偏多13%(图2.2.2)。华南、江南、江淮大部、江汉东南部及西南地区东部等地暴雨日数有3~7天,其中,广东大部、广西大部、江西东北部等地有7~10天。与常年相比,广西中北部、广东北部、贵州东南部、江西大部、湖北东部、安徽南部、江苏南部、浙江西部和北部等地暴雨日数偏多1~3天。

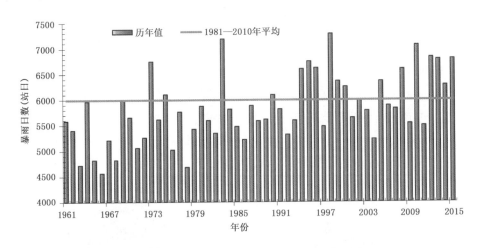

图 2.2.2　1961—2015 年全国年暴雨日数历年变化

二、暴雨洪涝影响

1. 华南前汛期暴雨洪涝灾害重

华南前汛期于5月5日开始,入汛偏晚29天,但雨势猛,多个城市频遭暴雨侵袭,内涝严重。5月5—31日,华南地区平均降水量达305.3毫米,较常年同期(200.6毫米)偏多52.5%,是近40年来同期最多。受强降雨影响,广西桂江、广东北江、湖南湘江,江西赣江上中游、昌江、修水,福建闽江上游等76条河流发生超警戒洪水,其中4条河流发生超保证洪水,江西赣江上游支流梅川发生超历史特大洪水,福建闽江上游九龙溪发生50年一遇特大洪水,广西桂江发生2008年以来最大洪水。安徽、福建、广东、广西、贵州、湖北、湖南、江西、云南、浙江和重庆多地发生暴雨洪涝或滑坡等地质灾害。

2. 夏季,南方暴雨过程多,部分城市内涝严重

6—8月,暴雨主要出现在南方地区,其中江淮、江南东北部以及广西、贵州南部、广东东南部等地暴雨日数普遍有3～5天,局地6天以上。全国共出现20次区域性暴雨过程,南方地区共出现18次暴雨过程(6月8次、7月6次、8月4次),暴雨过程间隔时间短、雨量大。江淮、江南、西南部分地区出现极端性强降水,其中福建福州(244.4毫米)、贵州长顺(247.8毫米)和江苏常州(243.6毫米)等28站日降水量达到或突破历史极值。频繁的降水造成南方地区部分江河水位上涨,农田渍涝、城市内涝严重。上海、深圳、武汉等多个大中城市发生严重积水,给市民日常生活、交通等造成较大影响。

6月16—19日,长江中下游及重庆、贵州、广西等地出现大范围暴雨过程,50毫米以上的降水覆盖面积有46.9万平方公里,100毫米以上的降水覆盖面积有10.2万平方公里。6月22—30日,黄淮、江淮及川陕等地出现两次强降雨过程,累计降水量普遍超过50毫米,其中河南东部和中部、江苏大部、安徽大部、陕西南部、四川东北部、重庆西北部等地有100～200毫米,江苏中部和南部、安徽中北部、四川东北部局部地区超过200毫米。期间,共出现378个暴雨站日,其中大暴雨以上有62站日。27日,江苏常州、南京等站点日降雨量超过200毫米。受强降雨影响,江淮流域部分河流水位上涨,太湖平均水位28日涨至3.86米,是2012年以来首次超警水位;长江下游支流滁河襄河口闸水位站(安徽省全椒县)、秦淮河东山水位站(江苏省南京市江宁区)洪峰水位分别超过历史最高水位0.16米、0.43米。持续强降水导致多个省(区、市)发生洪涝,造成道路中断,部分农田被淹,对城市运行、道路交通和人们正常生活等造成较重影响,其中上海、南京、苏州、无锡、常州等城市内涝严重。6月份南方地区的暴雨洪涝共造成120多人死亡或失踪,直接经济损失超过220亿元。

7月20—27日,江南、江汉、江淮及福建、四川盆地、贵州等地出现强降雨天气过程,福建、广东、广西、安徽等多地出现暴雨及大暴雨,此次过程是2015年我国持续时间最长、强度最强的一次区域性暴雨天气过程,单站最大过程累计降水量为573.2毫米;213个站出现暴雨,其中有61个出现大暴雨。强降水造成部分公路低洼地段被淹、乡村道路交通中断、城区出现内涝、乡镇被淹,多条河流发生超警戒水位洪水;福建、安徽、江西、河南、湖北、湖南、重庆、四川、贵州和云南等省(市)共30多人死亡或失踪,直接经济损失超过70亿元。

8月8—10日,江苏中南部、安徽中部、浙江大部、福建大部降水量有50～100毫米,其中江苏中部、浙江东南部和福建东北部超过100毫米,局部超过250毫米;16—19日,四川东部、重庆大部、湖北西部、湖南西北部、贵州大部、广西西北部降水量有50～100毫米,局部超过100毫米;29—31日,广西南部、广东南部和福

建西南部降水量普遍有 50～100 毫米,局部超过 100 毫米。云南、四川、重庆、湖南、湖北、贵州等省(市)50 多人死亡或失踪;直接经济损失近 30 亿元。

3. 华西秋雨频繁,四川、云南多地受灾

9 月 1—24 日,华西地区降水频繁,部分地区出现大到暴雨,局地大暴雨甚至特大暴雨。华西区域平均降水量 125.7 毫米,较常年同期偏多 43%,其中四川降水量(161.2 毫米)为 1983 年以来历史同期最大值。频繁秋雨造成部分河流水位上涨,农田被淹,城镇内涝严重,广西、云南等地的局部地区发生山洪、滑坡、泥石流等灾害。

10 月 8—12 日,云南、贵州等地有 25～100 毫米降水,云南局地超过 100 毫米;21—27 日,陕西大部、山西南部、四川东北部和重庆北部等地有 25～50 毫米降水。受强降雨影响,云南、重庆、陕西、贵州 4 省(市)的部分地区遭受暴雨洪涝灾害。因强降雨引发的洪涝及次生灾害造成 10 多人死亡失踪。

4. 11 月,江南、华南出现强降雨,秋汛明显

11 月 10—20 日,江南、华南出现两次强降水天气过程,江南大部及广西等地降水量普遍有 100～200 毫米,比常年同期偏多 2 倍以上,湖南南部、江西南部、广西大部偏多 4～8 倍。广西、江西、湖南、浙江的降水量均为 1961 年以来历史同期最多;广西灵川、富川和湖南桂东等 63 站日降水量突破当地有气象记录以来 11 月历史极值。受强降雨影响,江西贡水、修河,湖南湘江、洀水以及广西桂江、恭城河、蒙江、贺江、洛清江等河流先后出现超警戒水位,湘江中上游出现历史同期少有的汛情。强降水导致湖南、广西、云南部分地区遭受洪涝灾害。11 月 13 日,浙江丽水因山体滑坡导致数十栋房屋被埋,38 人死亡。

三、暴雨洪涝评价方法与标准

采用夏季降水百分位数、月降水量距平百分率及旬降水总量等指标对 2015 年全国(主要考虑年降水量 400 毫米等值线以东、以南地区)暴雨洪涝进行评述。考虑到地区之间的气候差异,规定黄淮海、东北、西北地区 6—8 月,长江中下游地区 4—9 月,华南地区 4—10 月,西南地区 6—9 月为评述暴雨洪涝的季节。

1. 降水百分位数

$$r = \frac{m}{n+1} \times 100\%$$ (2.2.1)

式中,r 为降水百分位数,m 为按升序排列后的序号,n 为样本数。

当 $90\% > r \geqslant 80\%$ 为一般洪涝;$r \geqslant 90\%$ 为严重洪涝。

2. 月降水量距平百分率

$$P = \frac{R - \bar{R}}{\bar{R}} \times 100\%$$ (2.2.2)

式中,P 为月降水量距平百分率,R 为当年某月的实际降水量,$\bar{R}$ 为常年某月降水量值(1981—2010 年平均)。

当 $100\% \leqslant P \leqslant 200\%$(华南 $75\% \leqslant P \leqslant 150\%$)为一般洪涝;$P > 200\%$(华南 $P > 150\%$)为严重洪涝。

3. 旬降水量

当旬降水量达到 250~350 毫米(东北 200~300 毫米,华南、川西 300~400 毫米)为一般洪涝;旬降水量 > 350 毫米(东北 > 300 毫米,华南、川西 > 400 毫米)为严重洪涝。

当连续两旬降水总量达到 350~500 毫米(东北 300~450 毫米,华南、川西400~600 毫米)为一般洪涝;连续两旬降水总量 > 500 毫米(东北 > 450 毫米,华南、川西 > 600 毫米)为严重洪涝。

第三节 台风及其影响

一、概况

2015 年,西北太平洋和南海上共有 27 个台风(中心附近最大风力 ≥8 级)生成,生成个数较常年(25.5)偏多 1.5 个。其中 1508 号"鲸鱼"(Kujira)、1510 号"莲花"(Linfa)、1513 号"苏迪罗"(Soudelor),1521 号"杜鹃"(Dujuan)和 1522 号"彩虹"(Mujigae)共 5 个台风先后在我国登陆(图 2.3.1),登陆个数较常年(7.2个)偏少 2.2 个。

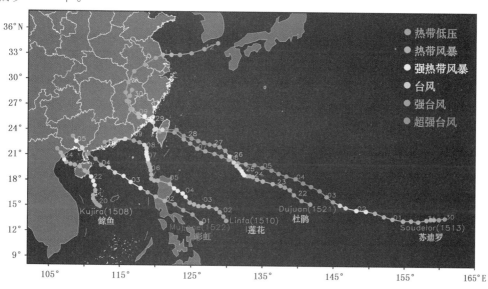

图 2.3.1 2015 年登陆我国的台风路径(中央气象台提供)

2015 年,影响我国的台风共造成 57 人死亡或失踪,直接经济损失 684.2 亿元;与 1990—2014 年平均值相比,台风造成的直接经济损失偏多,死亡人数明显偏少;影响较大的台风是"苏迪罗"、"彩虹",受灾较重的地区是广东、浙江和福建。

二、主要特点

1. 生成个数较常年偏多

2015 年,在西北太平洋和南海上共有 27 个台风生成(表 2.3.1 和图 2.3.2),生成个数比常年(平均 25.5 个)偏多 1.5 个。

表 2.3.1　2015 年和常年各月及全年在西北太平洋和南海上台风生成个数

时　间	1 月	2 月	3 月	4 月	5 月	6 月	7 月	8 月	9 月	10 月	11 月	12 月	全年
2015 年生成个数	1	1	2	1	2	2	4	3	5	4	1	1	27
常年生成个数*	0.33	0.10	0.30	0.60	1.03	1.70	3.70	5.80	4.87	3.60	2.33	1.13	25.5

* 为 1981—2010 年 30 年平均值。

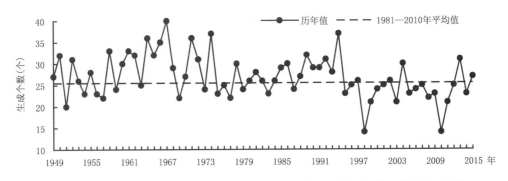

图 2.3.2　1949—2015 年在西北太平洋和南海上台风生成个数历年变化

2. 起编时间较常年偏早,停编时间较常年略偏晚

2015 年,最早开始编号的 1501 号台风"米克拉"(Mekkhala),其起编时间为 1 月 14 日,较常年(3 月 20 日)明显偏早,比 2014 年最早起编时间(1 月 17 日)偏早 3 天。

2015 年,最晚停止编号的 1527 号台风"茉莉"(Melor),其停编时间为 12 月 17 日,较常年(12 月 15 日)偏晚 2 天。比 2014 年最晚停编时间(2015 年 1 月 1 日)偏早 15 天。

3. 登陆个数较常年偏少

2015 年共有 5 个台风(登陆时中心附近最大风力≥8 级)在我国沿海登陆(表 2.3.2 和图 2.3.3),登陆个数较常年(平均 7.2 个)偏少 2.2 个,与 2014 年登陆个数持平。台风登陆比例为 18.5%,较常年值(28.7%)偏低 10.2%(图 2.3.4)。

表 2.3.2　2015 年和常年 4—12 月在我国登陆台风个数

时　间	4 月	5 月	6 月	7 月	8 月	9 月	10 月	11 月	12 月	总计
2015 年登陆个数	0	0	1	1	1	1	1	0	0	5
常年登陆个数*	0.03	0.07	0.63	2.00	1.93	1.77	0.53	0.13	0.03	7.2

＊为 1981—2010 年 30 年平均值。

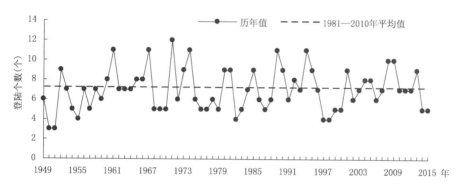

图 2.3.3　1949—2015 年在我国登陆台风个数历年变化

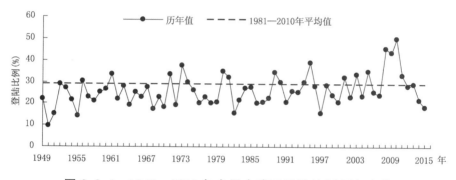

图 2.3.4　1949—2015 年台风在我国登陆比例历年变化

4. 初、末台登陆时间均较常年略偏早

2015 年第一个在我国登陆的台风是 1508 号"鲸鱼"(Kujira)，其登陆时间为 6 月 22 日，较常年初台登陆时间(平均为 6 月 25 日)偏早 3 天。最后一个在我国登陆的台风是 1522 号"彩虹"(Mujigae)，其登陆时间为 10 月 4 日，比常年末台登陆时间(平均为 10 月 6 日)偏早 2 天。

5. "三台共舞"发生时间偏早

三个或以上编号的台风同时活跃在西北太平洋上的情况比较少见。据统计，1949 年以来出现"三台共舞"的年份有 2010 年、2006 年、2000 年、1982 年和 1978 年，发生时间一般都在 8 月和 9 月。2015 年 1509 号"灿鸿"、1510 号"莲花"、1511 号"浪卡"三个台风 7 月初同时活跃在西北太平洋上，与历史上的"三台共舞"台风相比，2015 年的"三台共舞"出现时间偏早。

6. 台风登陆强度为 1973 年以来第二强

2015 年在我国登陆的 5 个台风中，有 3 个首次登陆强度达强台风级别（表 2.3.3）。全年台风登陆我国时（含多次登陆）平均最大风速为 38.4 米/秒，与 1991 年并列为 1973 年以来历史第二强，仅次于 2005 年（39.2 米/秒）。

7. 登陆位置总体偏南

2015 年，在我国登陆的 5 个台风的登陆地点均在华南沿海，其中海南 1 次，广东 2 次，台湾 2 次，福建 2 次。登陆位置总体偏南。

三、影响评价

2015 年，影响我国的台风带来了大量降水，对缓解南方部分地区的夏伏旱和高温天气以及增加湖库蓄水等十分有利，但由于登陆或影响时间集中，部分地区降水强度大、风力强，造成了一定的人员伤亡和经济损失。

据统计，2015 年全国共有 11 个省（区、市）受到台风的影响，受灾人口 2375.6 万人次，造成 48 人死亡，9 人失踪，农作物受灾面积 172.1 万公顷，直接经济损失 684.2 亿元（表 2.3.3）。造成损失较重的台风主要是"苏迪罗"和"彩虹"。总体而言，2015 年台风给我国造成的死亡和失踪人数少于 1990—2014 年平均水平；直接经济损失超过 1990—2014 年平均水平。

表 2.3.3 2015 年影响我国台风主要灾情表

国内编号及中英文名称	登陆时间（月-日）	登陆地点	最大风力（级）（风速，米/秒）	受灾地区	受灾人口（万人）	死亡人口（人）	失踪人口（人）	转移安置（万人）	倒塌房屋（万间）	受灾面积（万公顷）	直接经济损失（亿元）
1508 鲸鱼（Kujira）	6-22	海南万宁	10(25)	海南	10.6			1.0		0.2	0.7
				云南	6.0					0.1	0.2
1509 灿鸿（Chan-hom）				浙江	296.6			125.1	0.1	22.0	91.0
				上海	15.2			14.2		0.8	2.3
				江苏	58.3			6.2		5.4	2.2
				安徽	5.5					0.5	0.3
				山东	4.1					0.6	0.1
1510 莲花（Linfa）	7-9	广东陆丰	13(38)	广东	202.9			6.3		9.6	17.3
				福建	0.7			0.3			0.1
1513 苏迪罗（Soudelor）	8-8 8-8	台湾花莲 福建莆田	15(48) 11(30)	浙江	284.4	15	3	25.7	0.2	9.2	110.8
				福建	191.2	8	2	45.4	0.5	10.5	78.8
				安徽	123.3	4		22.6	0.3	9.4	31.5
				江西	58.6	1		11.1	0.1	4	6.2
				江苏	166.5			1.0	0.1	20.5	15.2

国内编号及中英文名称	登陆时间（月-日）	登陆地点	最大风力（级）（风速，米/秒）	受灾地区	受灾人口（万人）	死亡人口（人）	失踪人口（人）	转移安置（万人）	倒塌房屋（万间）	受灾面积（万公顷）	直接经济损失（亿元）
1521 杜鹃（Dujuan）	9-28	台湾宜兰 福建莆田	15(48) 10(28)	浙江	86.6			32.0		5.6	17.7
				福建	76.6			24.4		2.2	9.7
1522 彩虹（Mujigae）	10-4	广东湛江	16(52)	广东	410.6	18	4	24.0	0.7	52.1	270.7
				广西	275.9	1		13.4	0.3	16.1	17.7
				海南	102.0	1		6.8		3.3	11.7
全年合计					2375.6	48	9	359.5	2.3	172.1	684.2

1. 1513 号"苏迪罗"（Soudelor）

1513 号台风"苏迪罗"于 7 月 30 日在西北太平洋上生成，于 8 月 8 日 04 时 40 分前后在台湾省花莲县秀林乡沿海登陆，登陆时中心附近最大风力有 15 级（48 米/秒），中心最低气压为 940 百帕；8 日晚 10 时 10 分前后在福建省莆田市秀屿区沿海登陆，登陆时中心附近最大风力有 11 级（30 米/秒，热带风暴级），中心最低气压为 980 百帕。之后深入内陆，先后穿过江西、安徽、江苏，于 11 日上午进入黄海。

"苏迪罗"中心途经台湾、福建、江西、安徽、江苏 5 省，影响范围涉及台湾、广东、福建、浙江、上海、江西、湖南、湖北、河南、安徽、江苏 11 个省（市），是继 2008 年台风"凤凰"之后，深入内陆影响范围最广的台风。

受"苏迪罗"影响，8 月 7 日 08 时至 11 日 08 时，浙江、福建、江西北部和东部、安徽中南部、江苏中南部等地累计降雨 100 毫米以上，其中浙江东部和南部、福建东北部、江苏中部、江西北部局地 350～600 毫米，浙江温州局地 650～806 毫米；浙江泰顺、文成、平阳等县最大日降水量普遍达 300～500 毫米。除台湾岛外，100 毫米以上降水的覆盖面积有 18.5 万平方公里，250 毫米以上降水覆盖 3.3 万平方公里，500 毫米以上降水覆盖 1716 平方公里（浙江省 762.7 平方公里，占全省国土面积的 44%）。期间，福建东部沿海、浙江中南部沿海出现 10～13 级阵风，福建莆田至霞浦沿海 14～15 级，莆田局地达 53 米/秒（16 级），福建北部沿海和浙江南部沿海 12 级以上大风持续了 12～24 小时；福建、浙江、江西、安徽南部及江苏南部均出现 8～9 级大风。台风"苏迪罗"给浙江、福建、江苏、台湾等地造成严重影响，部分机场关闭、高铁动车停运、高速公路封闭，福州、温州等地内涝严重，部分地区供电、交通、通信中断；江苏有多条河流超警戒水位，南京、扬州、盐城、高邮、兴化、东台等多个市县被淹。共造成 773.5 万人受灾，33 人死亡或失踪，直接经济损失 242.5 亿元。

2. 1522 号"彩虹"(Mujigae)

1522 号台风"彩虹"于 10 月 2 日凌晨在菲律宾吕宋岛上生成,之后持续向西北方向移动,强度不断加强,3 日 14 时加强为台风级,23 时加强为强台风级,4 日 14 时 10 分前后以超强台风级在广东省湛江市坡头区沿海登陆,登陆时中心附近最大风力 16 级(52 米/秒),中心最低气压 935 百帕,18 时前后移入广西境内,5 日 14 时中央气象台对其停止编号。

"彩虹"具有发展速度快、登陆强度强等特点,"彩虹"是有气象记录以来 10 月登陆广东的最强台风,也是 10 月进入广西内陆的最强台风。受"彩虹"影响,10 月 3 日 20 时至 6 日 08 时,广东中西部、广西中东部、海南东北部和南部沿海、湖南西南部等地累计降雨量 100～250 毫米,广东中西部、广西东部等地部分地区有 260～500 毫米,广东阳春和广西金秀、容县、平南等局地 510～557 毫米;广东西南部及沿海、海南北部沿海、广西南部沿海出现 9～11 级阵风,广东西南部沿海局地 13～17 级,其中广东湛江麻章区湖光镇超过 17 级(67.2 米/秒)。

"彩虹"所带来的强风和降雨,对华南地区农业、交通运输、电力、旅游等行业造成不利影响,并导致部分城市发生严重内涝,中小河流出现超警戒水位,局地发生洪涝和地质灾害,给人民生命财产造成较为严重的损失。"彩虹"台风登陆后带来的狂风暴雨导致湛江市区一片狼藉,全城交通近乎瘫痪。受"彩虹"外围螺旋云带影响,广东佛山顺德、广州番禺、汕尾海丰多地遭受龙卷风袭击。据统计,"彩虹"造成广东、广西、海南三省(区)24 人死亡或失踪,788.5 万人受灾,直接经济损失 300.1 亿元,是 2015 年造成经济损失最重的台风。

第四节　雷电、冰雹和龙卷风及其影响

2015 年全国共发生雷电灾害 1348 起,其中造成火灾或爆炸 21 起,全年雷电灾害事故数、死亡人数、受伤人数、经济损失均为 2003 年以来最少(小);全国共有 31 个省(区、市)、2082 个县(市)次出现冰雹或龙卷风,降雹次数比近 10 年平均次数(1575 个县次)偏多。受冰雹、龙卷风等强对流天气影响,全国累计 3202.3 万人次受灾,558 人死亡,5.7 万人次紧急转移安置,1.3 万间房屋倒塌,66.3 万间房屋不同程度损坏;农作物受灾面积 291.8 万公顷,其中绝收 30.9 万公顷;直接经济损失 322.7 亿元。与近 10 年相比,2015 年冰雹、龙卷风等强对流天气造成的受灾面积偏小,但死亡人数偏多,经济损失偏重。

一、雷电

1. 主要特点

我国沿海省份是雷电灾害的多发区。2015 年广东、浙江和湖南年雷灾事故次数分列前三位,其中广东最多,达 523 起。全年雷击导致死亡人数超过 10 人的省份为江西和广东,分别为 25 人和 19 人。

2015 年全国雷灾事故主要发生在 4—8 月。其中雷灾事故数和死亡人数均在 5 月份达到峰值,各占全年的 24.9% 和 33.0%;雷击受伤人数的月峰值则出现在 7 月,占全年的比例达到 26.5%,其次峰值月份也出现在 5 月,占全年的 25.0%。

2. 部分雷电灾害事件

(1)3 月 18 日 23 时 00 分,浙江省杭州市建德乾潭镇建德市畅达公路养护有限公司遭雷击,直接经济损失 120 万元,间接经济损失 30 万元。

(2)4 月 6 日下午,福建省福州市闽清福建瑞美陶瓷有限公司遭雷击,造成 1 人死亡,5 人受伤。

(3)4 月 21 日 20 时 40 分,云南省昆明市呈贡区金勇棉絮厂遭雷击,击毁 1 间厂房,直接经济损失 200 万元。

(4)5 月 15 日 16 时 00 分,广西壮族自治区百色市右江区永乐镇六马村雷外屯 11 名在候车亭避雨候车人和行人遭雷击,造成 2 人死亡,9 人受伤。

(5)6 月 11 日 14 时 18 分,广东省湛江市吴川市振文镇下圹村 4 名正在 4 楼从事绑扎钢筋工作的人员遭雷击,造成 2 人死亡,2 人受伤。

(6)8 月 4 日 19 时 00 分,湖北省十堰市丹江江南江北地区供电部门遭雷击,损坏 12 条高压输电线、12 套高压线路设备,跳闸停电 3 小时,直接经济损失 150 万元,间接经济损失 250 万元。

(7)8 月 10 日 15 时 30 分,广东省广州市海珠区海珠湖海珠湿地维护中心遭雷击,4 人在海珠湖东面码头便民服务点附近古风新韵凉亭内避雨时遭雷击受伤,直接经济损失 1.5 万元。

(8)8 月 15 日 15 时 07 分,山东省泰安市肥城汶阳镇浊前村南蔬菜基地遭雷击,造成 3 人死亡。

二、冰雹

1. 主要特点

(1)降雹次数偏多。2015 年全国 31 个省(区、市)遭受冰雹袭击。据统计,共有 2082 个县(市)次出现冰雹,降雹次数比 2005—2014 年平均值(1575 个县次)偏多。

(2)初雹、终雹时间均偏早。2015 年全国最早一次冰雹天气出现在 1 月 8 日(云南省德宏傣族景颇族自治州陇川、瑞丽、梁河、盈江等县市),较 2005—2014 年平均初雹时间(2 月 2 日)偏早 25 天;最晚一次冰雹天气出现在 11 月 6 日(江苏省盐城市射阳县),较 2005—2014 年平均终雹时间(11 月 23 日)偏早 17 天。

(3)降雹主要集中在夏季和春季。从降雹的季节分布来看,2015 年夏季出现冰雹最多，共有1313个县(市)次，占全年降雹总次数的63.1%；春季降雹次多，共有642个县(市)次，占全年的30.8%；秋季共有91个县(市)次降雹，占全年的4.4%；冬季只有36个县(市)次降雹，仅占全年的1.7%。

从各月降雹情况看，2015年7月最多，共534个县(市)次降雹，占全年的25.6%；8月次多，有464个县(市)次降雹，占全年的22.3%；5月、6月、4月分居第三、第四、第五位，分别有359个县(市)次、315个县(市)次、258个县(市)次降雹，各占全年的17.2%、15.1%、12.4%。

(4)华北、西北、西南地区东部、江淮及内蒙古等地降雹较多。2015年，我国降雹较多的是华北、西北、西南地区东部、江淮及内蒙古等地。从各省(区、市)分布来看，河北最多，降雹274县(市)次；甘肃次多，降雹183县次；云南居第三位，降雹162县次；河南(161县次)、新疆(143县次)、陕西(131县次)、贵州(110县次)、山西(100县次)、山东(99县次)、内蒙古(97县次)、四川(86县次)等省(区)降雹均超过80县次(图2.4.1)，局部受灾较重。

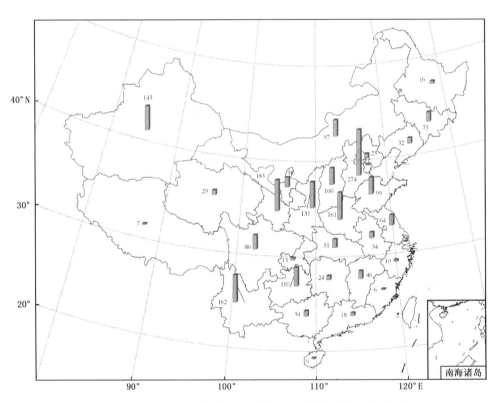

图2.4.1　2015年全国各省(区、市)降雹县(市)次分布

2. 部分风雹灾害事例

(1)1月8—11日，云南省德宏傣族景颇族自治州陇川县、潞西市、梁河县、瑞丽市、盈江县，普洱市孟连傣族拉祜族佤族自治县、思茅区、澜沧拉祜族自治县及

西双版纳傣族自治州景洪市、保山市腾冲县多次出现冰雹、雷暴、大风及短时强降水天气。其中,瑞丽市最大冰雹直径 15 毫米左右,降雹持续 6 分钟左右,为当地冬季所罕见;景洪市局部地面积雹厚度 15～20 厘米;孟连县出现大暴雨。全省共计受灾人口 12.7 万人,1 人死亡;烟叶、石斛、橡胶、咖啡、蚕豆、豌豆、小麦等受灾面积 19.6 万公顷;损坏房屋 1700 多间;直接经济损失 2.0 亿元。

(2)3 月 23—25 日,云南省西双版纳、红河、普洱、玉溪、文山、思茅、普洱、大理、曲靖、德宏、楚雄等市(自治州)14 个县(市)遭受风雹灾害。其中,红河哈尼族彝族自治州建水县最大 1 小时降水量 24.4 毫米,风雹持续时间 10 分钟左右,最大冰雹直径 40 毫米;文山壮族苗族自治州砚山县风雹持续时间 20 分钟左右;思茅市墨江哈尼族自治县风雹持续时间 20 分钟,最大冰雹直径 40 毫米。全省共计 7.5 万人受灾;400 余间房屋不同程度损坏;马铃薯、小米辣、豆类、蔬菜、葡萄、果树等受灾面积 9300 公顷,其中绝收 2400 公顷;直接经济损失 1.9 亿元。

(3)4 月 19—21 日,广东省出现 2015 年首场大范围降水及强对流天气过程。粤北、珠江三角洲和粤东大部分市县出现大到暴雨和 8～10 级大风;清远、韶关、惠州、江门、佛山、汕尾、揭阳、潮州、汕头、广州等市有 15 个县(市、区)出现冰雹,汕头市澄海区近海上还出现水龙卷。其中,惠州市博罗县最大冰雹直径约 60 毫米;揭阳潮汕国际机场自 2011 年 12 月启用以来首次遭冰雹袭击,最大冰雹直径 32 毫米,最大重量 12 克,风雹持续时间 22 分钟,机场停车场 56 辆汽车玻璃被冰雹砸破,2 个进港航班被迫备降到其他机场,7 个进出港航班延误;广州白云机场出港航班延误 68 个,取消 32 个,进港航班取消 26 个,另有 6 个航班备降外地机场。受强降水及雷雨大风、冰雹等强对流天气影响,韶关、汕头、梅州、潮州、揭阳等市共计 7.3 万人受灾,死亡 1 人;蔬菜、花生、玉米、黄豆等农作物受灾面积 800 余公顷;直接经济损失 3300 余万元。

(4)4 月 27—29 日,江苏省南京、无锡、徐州、宿迁、淮安、盐城、扬州、镇江、常州、苏州 10 市 25 个县(市、区)遭受冰雹、雷暴大风、短时强降水、龙卷风等强对流天气袭击,最大冰雹直径 50 毫米(南京市六合区),最大风力达 12 级(太湖小雷山 35 米/秒,无锡市区雪浪街道 33.3 米/秒),最大 1 小时降水量达 96 毫米(常州金坛)。此次强对流过程强度仅次于 2005 年 4 月 25 日,为历史同期罕见。全省共计 61.1 万人受灾,因灾死亡 5 人;损坏房屋 7.7 万间,倒塌房屋 100 多间;农作物受灾面积 4.9 万公顷,成灾 2.2 万公顷,绝收 1600 多公顷;直接经济损失 6.8 亿元,其中农业损失 4.3 亿元。

(5)4 月 27—29 日,安徽省合肥、六安、亳州、宿州、滁州、蚌埠 6 市 10 个县(区)出现雷雨大风、短时强降水和冰雹、龙卷风等强对流天气。其中肥西、灵璧、五河等地最大冰雹直径 10～20 毫米;明光、广德、郎溪、滁州等地最大风力 8 级以上,最大 3 小时降水量 60.3 毫米(明光潘村湖)。全省共计 82 万人受灾,1 人死亡;100 余间房屋倒塌,1.2 万间房屋不同程度损坏;农作物受灾面积 9.0 万公顷,其中绝收 3400 公顷;直接经济损失 1.9 亿元。

(6)5 月 6—7 日,河南省焦作、郑州、开封、洛阳、平顶山、驻马店、周口、许昌、南阳、漯河 10 市 39 个县(市、区)遭受风雹灾害。洛阳市区最大冰雹直径 30 毫米,风雹持续时间约 20 分钟;长葛市最大 2 小时降水量达 51.4 毫米;全省大部地区瞬时风速在 10 米/秒以上,其中沁阳、扶沟、睢县 3 站超过 20 米/秒。此次强对流天气共造成 174.4 万人受灾,2 人死亡;700 余间房屋倒塌,1.7 万间房屋不同程度损坏;农作物受灾面积 15.9 万公顷,其中绝收 2.4 万公顷;直接经济损失 12.1 亿元。

(7)5 月 6—8 日,陕西省宝鸡、咸阳、安康、商洛、西安 5 市 10 个县(区)遭受风雹灾害。其中,西安市南郊最大冰雹直径约 5 毫米;商洛市商州区瞬间极大风速达 20.2 米/秒,丹凤县双槽最大过程降水量 99.2 毫米。共计 19.8 万人受灾,1 人死亡;100 余间房屋倒塌,1600 余间不同程度损坏;农作物受灾面积 8100 公顷,其中绝收近 500 公顷;直接经济损失 6600 万元。

(8)5 月 7—10 日,贵州省贵阳、六盘水、遵义、安顺、黔南、黔东南、铜仁等 9 市(自治州、地区)31 个县(市、区)遭受风雹灾害。其中,铜仁市碧江区最大 1 小时降雨量达 67.1 毫米,最大冰雹直径 20 毫米;遵义市余庆县极大风速 32.4 米/秒,冰雹直径 5~8 毫米,风雹持续时间 5~15 分钟;六盘水市水城县风雹持续时间最长约 30 分钟,最大冰雹直径 15 毫米。共计 28.4 万人受灾;100 余间房屋倒塌,6900 余间房屋不同程度损坏;玉米、烤烟、蔬菜、花椒、葡萄、枇杷等受灾面积 1.6 万公顷,其中绝收 1500 公顷;直接经济损失 1.6 亿元。

(9)5 月 18—19 日,新疆阿克苏地区 5 个县遭受风雹灾害,其中柯坪县、阿瓦提县风雹持续 5~20 分钟,最大冰雹直径 10 毫米,共计 6.5 万人受灾,棉花、小麦等农作物受灾面积 1.9 万公顷,绝收近 5000 公顷,直接经济损失 2.5 亿元。与此同时,兵团一师、二师、五师等 6 师 12 个团(场)遭受风雹灾害,冰雹直径 2~10 毫米,最大 1 小时降水量 11.7 毫米,共计 1.8 万人受灾,棉花等农作物受灾面积 2.5 万公顷,绝收 100 余公顷,直接经济损失 1.5 亿元。

(10)5 月 29—31 日,甘肃省平凉、庆阳、白银、天水、张掖、定西、陇南 7 市 16 个县(区)遭受风雹、暴雨灾害。其中,平凉市静宁县 2 个小时降雨量 25 毫米,风雹持续时间最长约 30 分钟,最大冰雹直径 28 毫米,地面积雹厚度 5~6 厘米,崇信县最大风速达 17.9 米/秒(8 级),最大冰雹直径 10 毫米;庆阳市环县、镇原县风雹持续时间 15~20 分钟,最大冰雹直径 12 毫米;天水市秦安县风雹持续时间 20 分钟,冰雹最大直径 50 毫米,地面积雹厚度约 4 厘米。全省共计 39.1 万人受灾;玉米、小麦、胡麻、黄豆、油菜等农作物受灾面积 4.8 万公顷,其中绝收 3300 公顷;直接经济损失 6.3 亿元。

(11)6 月 3 日,四川省阿坝、甘孜 2 自治州 9 个县遭受风雹灾害,其中阿坝藏族羌族自治州马尔康县最大冰雹直径 9 毫米。共计 5.8 万人受灾;近 1700 间房屋损坏;青稞、玉米、胡豆、土豆、蔬菜等农作物受灾面积 7600 公顷,其中绝收 4800 公顷;直接经济损失 1.9 亿元。

(12)6 月 8—9 日,甘肃省兰州、白银、张掖、定西、平凉、陇南、酒泉等 9 市(自治州)16 个县(区)遭受风雹灾害。其中,白银市会宁县冰雹直径 5～10 毫米,风雹持续时间 3～10 分钟;平凉市华亭县最大冰雹直径 25 毫米,风雹持续时间最长 20 分钟;陇南市礼县风雹持续时间约 20 分钟,最大冰雹直径 15 毫米;酒泉市肃州区最大阵风 7～8 级,最大冰雹直径 8 毫米;张掖市高台县县城 10 分钟降水量 9.8 毫米,为近 10 年最强,极大风速达 21.7 米/秒,冰雹直径 10～15 毫米。全省共计 15.4 万人受灾;4600 余间房屋一般损坏;小麦、玉米、洋芋、油料、药材、烤烟、豆类等受灾面积 2.2 万公顷;直接经济损失 1.1 亿元。

(13)6 月 9—11 日,新疆阿克苏、喀什、和田、塔城等 7 自治州(地区)22 个县(市)遭受风雹、暴雨灾害。其中,塔城地区乌苏市降雹持续 3～5 分钟,冰雹直径约 5 毫米。共计 36 万人受灾;500 余间房屋不同程度损坏;棉花等农作物受灾面积 7.5 万公顷,其中绝收 1.3 万公顷;直接经济损失 6.3 亿元。

(14)6 月 9—11 日,河北省石家庄、唐山、秦皇岛、张家口、保定、沧州、廊坊、邯郸、衡水、邢台 10 市 30 个县(市、区)遭受风雹灾害。其中,张家口市怀来县风雹持续时间约 20 分钟,冰雹最大直径 30 毫米;沧州市青县风雹持续时间 10～20 分钟,最大冰雹直径 30 毫米,河间市瞬时最大风力 9 级,冰雹最大直径 12 毫米;廊坊市文安县最大冰雹直径 20 毫米左右。重灾地区小麦严重减产,甚至绝收,玉米苗被砸成光杆,树木折断,大棚倒塌,果树落果。全省共计 91.2 万人受灾,2 人死亡;50 余间房屋不同程度损坏;农作物受灾面积 10.4 万公顷,其中绝收 2.0 万公顷;直接经济损失 4.6 亿元。

(15)7 月 13—15 日,河北省石家庄、邯郸、张家口、衡水 4 市 15 个县(市、区)遭受风雹灾害。其中,石家庄市深泽县极大风速 18.5 米/秒,行唐县风雹持续时间 20 多分钟;衡水市桃城区最大冰雹直径 30 毫米。共计 19.4 万人受灾;棉花、玉米、辣椒、果树等受灾面积 2.7 万公顷,其中绝收 1100 公顷;直接经济损失 3 亿元。

(16)7 月 13—15 日,甘肃省兰州、金昌、白银、武威、定西、平凉、庆阳、临夏 8 市(自治州)12 个县(区)遭受风雹灾害。其中,兰州市永登县风雹持续时间 20 多分钟,最大冰雹直径 40 毫米。共计 10.6 万人受灾;玉米、马铃薯、小麦、药材、油料、蔬菜等受灾面积 1.0 万公顷,其中绝收 800 余公顷;直接经济损失 1.8 亿元。

(17)7 月 13—16 日,青海省西宁、海东、海北、海南等 5 市(地区、自治州)12

个县(区)遭受风雹灾害。其中,海东地区化隆回族自治县风雹持续时间7～8分钟,冰雹最大直径8毫米。共计16万人受灾,1人死亡;农作物受灾面积2.6万公顷,其中绝收5900公顷;直接经济损失1.7亿元。

(18)7月14日,山西省太原、大同、忻州3市8个县(区)遭受风雹、暴雨灾害。其中,忻州市定襄县最大风力7～8级,最大1小时降雨量达35.3毫米,风雹持续时间约20分钟;忻府区最大冰雹如鸡蛋大小。共计3.5万人受灾;玉米、马铃薯、葵花、杂粮、西瓜、辣椒、棉花等农作物受灾面积7000公顷,其中绝收2800公顷;直接经济损失1.5亿元。

(19)7月14—18日,陕西省西安、铜川、宝鸡、咸阳、延安、榆林等8市29个县(区)遭受大风、冰雹、暴雨袭击。其中,宝鸡市陇县风雹过程持续40多分钟,最大冰雹直径40毫米,麟游县麟北煤田极大风速达34.1米/秒(12级);咸阳市旬邑县平均雹径15毫米,风雹持续时间30多分钟;延安市宝塔区2小时降水量达82.2毫米,富县风雹持续40分钟。全省共计33.2万人受灾,1人死亡;700余间房屋不同程度损坏;玉米、谷子、豆类、蔬菜、烤烟、药材、核桃、苹果、葡萄、梨等受灾面积6.0万公顷,其中绝收1.1万公顷;直接经济损失9.1亿元。

(20)7月20—22日,甘肃省天水、张掖、庆阳、定西、陇南、兰州6市15个县(区)遭受风雹、暴雨灾害。其中,庆阳市环县风雹持续约30分钟,最大冰雹直径20毫米左右。共计11.2万人受灾,2人死亡;100余间房屋不同程度损坏;玉米、胡麻、糜谷、小麦等农作物受灾面积8800公顷,其中绝收近2000公顷;直接经济损失1.4亿元。

(21)7月21—22日,河北省邯郸、保定、张家口等4市18个县(市、区)遭受风雹灾害。其中,邯郸市降雹持续时间约15分钟,最大冰雹直径29毫米。共计19.5万人受灾,1人死亡;300余间房屋不同程度损坏;农作物受灾面积1.4万公顷,其中绝收近500公顷;直接经济损失4500余万元。

(22)7月27—30日,内蒙古呼和浩特、包头、赤峰、乌兰察布、呼伦贝尔、鄂尔多斯6市(盟)31个县(市、区、旗)遭受风雹、暴雨灾害。其中,乌兰察布市丰镇市最大过程降雨量达126.8毫米;呼伦贝尔市莫力达瓦达斡尔族自治旗最大1小时雨量达60.2毫米;鄂尔多斯市伊金霍洛旗风雹持续时间约30分钟;呼和浩特市土默特左旗最大冰雹直径30毫米。共计12.7万人受灾,3人死亡;300余间房屋不同程度损坏;玉米、谷子、绿豆、荞麦、向日葵等受灾面积2.7万公顷,其中绝收6200公顷;直接经济损失1.8亿元。

(23)7月27—30日,河北省张家口、石家庄、唐山、秦皇岛、承德、邢台、保定等9市54个县(市、区)遭受风雹、暴雨灾害。其中,邢台市内丘县最大冰雹直径20毫米,任县最大风力8～9级。全省共计83.7万人受灾,6人死亡;200余间房屋倒塌,近 6700 间房屋不同程度损坏;农作物受灾面积 7.9 万公顷,其中绝收 1.4 万公顷;直接经济损失 8 亿元。

(24)7 月 30—31 日,河南省洛阳、新乡、焦作、三门峡等 7 市 14 个县(市、区)遭受风雹灾害。其中,三门峡市灵宝市最大冰雹直径 10 毫米,最大风力 8～9 级。共计 6.9 万人受灾,1 人死亡;玉米、烟叶、蔬菜等受灾面积 5300 公顷,其中绝收 700 余公顷;直接经济损失 3300 余万元。

(25)7 月 30—31 日,山东省济南、淄博、潍坊、临沂、德州、聊城、泰安 7 市 25 个县(市、区)遭受风雹、暴雨袭击。其中,临沂市蒙阴县全县平均降雨量 108.3 毫米,瞬时最大风力 9 级;潍坊市临朐县风雹持续 10～20 分钟,最大冰雹直径 30 毫米。共计 95.9 万人受灾;700 余间房屋不同程度损坏;农作物受灾面积 8.5 万公顷,其中绝收 1.1 万公顷;直接经济损失 8.2 亿元。

(26)7 月 31 日至 8 月 1 日,江苏省徐州、淮安、泰州、宿迁、盐城等市 9 个县(市、区)遭受雷雨大风、短时强降水等强对流天气袭击。其中,宿迁市泗阳县城厢现代农业产业站极大风速达到 23.0 米/秒,卢集站最大小时降水量为 63.3 毫米;盐城市响水县县城 10 小时降雨量 110.4 毫米,陈家港最大风力 8 级(19.0 米/秒)。共计 21.7 万人受灾;1600 余间房屋不同程度损坏;农作物受灾面积 2.6 万公顷,其中绝收 1800 公顷;直接经济损失 4.4 亿元。

(27)8 月 1—4 日,甘肃省兰州、白银、天水、定西、临夏、平凉等 8 市(自治州)17 个县(市、区)遭受风雹、暴雨灾害。其中,临夏回族自治州和政县风雹持续时间 10 分钟左右,最大冰雹直径约 15 毫米,东乡县 1 个多小时降水量达 37.1 毫米;天水市张家川回族自治县风雹持续时间 19 分钟,最大冰雹直径 8 毫米;平凉市静宁县风雹持续时间最长约 30 分钟,地面冰雹堆积厚度达 5～6 厘米。全省共计 12.8 万人受灾;800 余间房屋不同程度损坏;油菜、玉米、胡麻、蚕豆、土豆、小麦、中药材等受灾面积 1.3 万公顷,其中绝收 600 余公顷;直接经济损失 1.4 亿元。

(28)8 月 3—4 日,河南省郑州、洛阳、焦作、鹤壁、新乡、三门峡、濮阳、开封 8 市 23 个县(市、区)遭受暴雨、大风、冰雹等强对流天气袭击。其中,三门峡市灵宝市最大风力 8 级,过程降雨量 121.6 毫米,最大冰雹直径 30 毫米。全省共计 12.7 万人受灾,2 人死亡;近 50 间房屋倒塌,约 100 间房屋不同程度损坏;农作物受灾面积 9400 余公顷,其中绝收 400 余公顷;直接经济损失 7900 余万元。

(29)8 月 4—6 日,湖北省十堰、宜昌、荆州、武汉、荆门、随州、恩施 7 市(自治州)20 个县(市、区)出现暴雨、雷电、大风、冰雹等强对流天气。其中,十堰市丹江口市分道观村(159 毫米)和习家店(137 毫米)两站最大日雨量超 10 年一遇;宜昌市宜都市最大风力 7～9 级,聂家河镇最大 1 小时降雨量达 80 毫米;恩施土家族苗族自治州鹤峰县风雹持续时间约 20 分钟。共计 19.7 万人受灾;农作物受灾 1.4

万公顷;倒塌房屋 490 间,损坏房屋 3800 余间;直接经济损失 1.2 亿元。

(30)8 月 5—6 日,江苏省徐州、连云港、淮安等 6 市 12 个县(市、区)遭受雷雨大风、冰雹、强降水天气袭击,局部还出现龙卷风。此次风雹天气共造成 6.3 万人受灾,1 人死亡;400 余间房屋不同程度损坏;农作物受灾面积 6600 公顷,其中绝收 600 余公顷;直接经济损失 1.3 亿元。

(31)8 月 11—12 日,云南省曲靖、保山、临沧、大理、丽江、楚雄、玉溪、昭通、昆明、文山 10 市(自治州)17 个县(区、市)出现雷雨大风、冰雹、短时强降水等强对流天气。其中,大理白族自治州鹤庆县风雹持续时间约 15 分钟;玉溪市峨山彝族自治县最大冰雹直径 10 毫米;昭通市昭阳区冰雹及强风持续时间约半小时;楚雄彝族自治州姚安县最大 2 小时降水量 35.5 毫米,最大风力 8～9 级。全省共计 3.5万人受灾;烤烟、玉米、水稻、蚕桑、蔬菜等受灾面积 6200 多公顷;损坏房屋 300 多间;直接经济损失 2.6 亿元。

(32)8 月 17—20 日,河北省石家庄、唐山、秦皇岛、保定、张家口等 7 市 32 个县(市、区)遭受风雹灾害。其中,张家口市部分县最大冰雹直径 10～30 毫米,风雹过程持续 15～30 分钟;保定市安新县冰雹最大直径 12 毫米;石家庄市深泽县测站最大风速 15.0 米/秒。全省共计 59.5 万人受灾;近 100 间房屋不同程度损坏;农作物受灾面积 4.6 万公顷,其中绝收 7000 公顷;直接经济损失近 3.8 亿元。

(33)8 月 22—24 日,河南省开封、洛阳、平顶山、三门峡、濮阳、南阳、驻马店等 8 市 11 个县(市、区)遭受风雹灾害。其中,南阳市西峡县风雹最长持续时间约半小时,冰雹大的似鸡蛋,小的如红枣;长垣县最大瞬时风速达 21.5 米/秒(风力 9级)。共计 32.4 万人受灾;100 余间房屋不同程度损坏;农作物受灾面积 2.4 万公顷,其中绝收 1900 公顷;直接经济损失 2.4 亿元。

(34)8 月 27—29 日,山东省济南、潍坊、济宁、临沂、日照、聊城、菏泽、滨州 8市 14 个县(市、区)遭受风雹、暴雨灾害。其中,滨州市沾化区日降水量 52.1 毫米,极大风速 18.1 米/秒(8 级);聊城市东昌府区日降水量 76.7 毫米,极大风速26.0 米/秒(10 级),莘县最大冰雹直径 30 毫米;日照市东港区风雹持续半小时;菏泽市郓城县最大冰雹直径 9 毫米。全省共计 27.3 万人受灾;300 余间房屋不同程度损坏;农作物受灾面积 2.5 万公顷,其中绝收 4700 公顷;直接经济损失 2亿元。

(35)8 月 28 日,河北省沧州、邢台、廊坊、唐山、衡水 5 市 7 个县(市)遭受雷雨大风、冰雹和短时强降水袭击。其中,沧州市东光县最大冰雹直径 10 毫米,极大风速 19.3 米/秒;邢台市沙河市、廊坊市大城县最大冰雹直径达 30 毫米以上;唐山市滦南县最大冰雹如乒乓球大小,瞬时最大风力达 8 级。共计 1.8 万人受灾;玉米、棉花、蔬菜等农作物受灾面积 1.9 万公顷,绝收 570 多公顷;直接经济损失

2.6 亿元。

(36)8月29—31日,河南省郑州、开封、洛阳、安阳等11市29个县(市、区)遭受风雹灾害。其中,郑州市惠济区27户花农的花田被冰雹摧毁,损失近300万元;荥阳市风雹过程持续1小时,部分果园绝收。全省共计52.6万人受灾;400余间房屋不同程度损坏;农作物受灾面积4.4万公顷,其中绝收1400公顷;直接经济损失2.4亿元。

三、龙卷风

1. 主要特点

(1)发生次数明显偏少。2015年全国有11个省(区)、26个县(市、区)发生了龙卷风(表2.4.1),龙卷风出现次数较2005—2014年平均次数(每年56个县次)明显偏少。

(2)主要发生在夏季和春季。从2015年龙卷风的季节分布来看,春季发生最多,共出现龙卷风12县次,占全年总次数的46.2%;夏季次多,共出现龙卷风10县次,占全年的38.5%;秋季出现龙卷风4县次,占全年的15.4%;冬季没有出现龙卷风。从月际分布来看,4月龙卷风最多,发生7县次,占全年的26.9%;5月、8月次多,各发生5县次,各占全年的19.2%;10月发生10县次,占全年的15.4%;6月发生3县次,占全年的11.5%;7月发生2县次,占全年的7.7%;其他月份未发生龙卷风。

(3)江苏、安徽、广东发生相对较多。从2015年龙卷风发生的地区分布来看,江苏最多,有7县次,占全国龙卷风总数的26.9%;安徽次之,有5个县次,占全国龙卷风总数的19.2%;广东居第三位,有4个县次,占全国龙卷风总数的15.4%。

表 2.4.1 2015 年龙卷风简表

发生时间 (月-日)	发生地点	发生时间 (月-日)	发生地点
4-13	浙江省温州市瑞安市	6-8	吉林省白城市通榆县
4-20	广东省汕头市澄海区	6-19	江苏省徐州市沛县
4-28	江苏省宿迁市泗洪县	7-1	黑龙江省哈尔滨市呼兰区
4-28	安徽省宿州市埇桥区、灵璧县、泗县、宿马园区	7-24	江苏省扬州市高邮市
5-8	湖南省永州市江永县	8-5	江苏省宿迁市泗洪县、盐城市大丰市
5-17	内蒙古自治区通辽市奈曼旗	8-6	江苏省南京市六合区、盐城市建湖县
5-19	辽宁省沈阳市康平县	8-9	安徽省宣城市宣州区

发生时间 （月-日）	发生地点	发生时间 （月-日）	发生地点
5-24	海南省海口市	10-4	广东省汕尾市海丰县、佛山市顺德区、广州市番禺区
5-31	吉林省白城市通榆县	10-26	江西省九江市德安县
6-7	黑龙江省绥化市庆安县		

2. 部分龙卷风及飑线灾害事例

（1）5月17日17时左右，内蒙古自治区通辽市奈曼旗出现龙卷风，局部瞬时最大风速达26.8米/秒，致使部分成材的树木被拦腰折断，房屋、养殖棚舍倒塌受损。新镇、黄花塔拉苏木、沙日浩来镇3个苏木镇14个嘎查村共计3398户、1.3万人受灾；1208间农房受损，70个太阳能设备被大风刮坏；受灾农作物747公顷；2.2万棵胸径20～40厘米的树木被连根拔起或拦腰折断；直接经济损失300万元，其中林业损失250万元。

（2）5月19日17时50分，辽宁省沈阳市康平县两家子乡前双山子、聂家窝堡村遭受龙卷风袭击。灾害造成6人受轻伤；损毁农业大棚18栋、闲置养殖场1个约2500平方米；刮倒杨树220棵（20年生）；毁坏电力线路约1000米；损毁游乐设施（蒙古包）5个；直接经济损失847万元。

（3）5月31日15时35分左右，吉林省白城市通榆县开通镇北郊八里铺、北城区遭到龙卷风袭击。龙卷风共持续约10分钟，造成民用电路损毁严重，城乡部分社区、村（屯）断水断电；民房瓦顶被刮掉，门窗及玻璃全部损毁；院落铁大门扭曲变形，被吹出数十米远；果树、林木被连根拔起或拦腰折断。共计2.7万人受灾；倒损房屋近600间；玉米、高粱、杂豆、葵花、辣椒等农作物受灾面积1.5万公顷，成灾面积6116公顷，绝收面积38公顷；死羊35只，死家禽1.6万只；直接经济损失2110万元。

（4）6月1日晚，重庆东方轮船公司所属"东方之星"号客轮由南京开往重庆，当航行至湖北省荆州市监利县长江大马洲水道时，遭受突发罕见的强对流天气（飑线伴有下击暴流）带来的强风暴雨袭击，瞬时极大风力达12～13级，1小时降雨量达94.4毫米，造成客轮瞬间翻沉，442人不幸遇难。

（5）6月7日下午，黑龙江省绥化市庆安县大罗镇发生龙卷风，东阳村、东风村瞬间最大风力11级以上，龙卷风持续5分钟。造成299人受灾；81户243间农房损坏；1处变电器损坏；直接经济损失近100万元。

（6）6月19日傍晚，江苏省徐州市沛县西部地区遭受暴雨和龙卷风、冰雹袭击。朱寨镇梅村至鹿楼镇鸳楼村、安国镇朱王庄村附近受灾较严重。共造成全县9.5万人受灾；农作物受灾面积6110公顷，成灾面积5540公顷，绝收面积1540公顷；房屋受损358间，倒塌房屋154间；直接经济损失1.5亿元。

(7)7月1日15时10分，黑龙江省哈尔滨市呼兰区遭受龙卷风、冰雹袭击。风雹过程持续41分钟，最大冰雹直径24毫米，龙卷风最大风速达70米/秒，持续约半分钟。共计2.3万人受灾；农作物受灾面积4.1万公顷，绝收面积280公顷；损坏房屋284间；直接经济损失7447万元。

(8)8月5日14时40分左右，江苏省宿迁市泗洪县归仁、青阳、车门、上塘、四河、双沟等乡镇遭受龙卷风突袭。大风过处，数千棵大树被拦腰折断或连根拔起，农作物被毁，部分路段交通受阻，高低压电线杆折损。全县6条10千伏主干线路一度中断供电。同日17时40分左右，盐城市大丰市草堰镇合新村、成村、三渣村遭受龙卷风、冰雹和大暴雨袭击，龙卷风经过的中心地区，玉米全部倒伏，棉花、黄豆等高秆作物部分倒伏，69户房屋屋脊被吹掉，7户主房、1座电灌站被吹倒，5处低压和1处高压线路受损，840多棵大树被吹断或连根拔起，造成短时停电。受灾严重的合新村、成文村和三渣村共有333公顷农田受灾。

(9)8月6日16时20—41分，江苏省盐城市建湖县颜单镇古虹村、三虹村、沈杨村遭受龙卷袭击。龙卷风南北宽约2公里，东西宽3～4公里，由西南向东北移动。狂风刮坏4个厂房，直接经济损失400万元。同日下午，南京市六合区遭遇狂风暴雨、冰雹和龙卷风袭击。六合机场路附近一家汽车销售店铺的房顶被龙卷风掀飞，连接房顶的墙体几十块砖块被刮飞坠落，砸中店铺门前停放的轿车，造成8辆轿车的挡风玻璃和车顶引擎盖损坏。

(10)10月4日，受台风"彩虹"环流影响，广东省汕尾市海丰县、佛山市顺德区、广州市番禺区等地出现了龙卷风。其中：10时左右，海丰县小漠镇南方澳度假村附近海域出现龙卷风(水龙卷)，持续1分多钟；15—16时，顺德区勒流镇、乐从镇、伦教、杏坛镇等地出现龙卷，造成顺德、禅城、南海多地简易厂房、供电、供水、通信设施及绿化树木受损，海珠、番禺大面积停水停电；17时，番禺区南村镇、石碁镇片区出现龙卷风，导致1个500千伏变电站、5个220千伏变电站和14个110千伏变电站受影响，继而引发大面积停电，广东四大名园之一余荫山房部分建筑物及设施亦受损。此次龙卷风给顺德、番禺造成重大人员伤亡和财产损失，共计4500人受灾，7人死亡，214人受伤，直接经济损失10.7亿元。

第五节　低温冷冻害和雪灾及其影响

　　2015 年,全国因低温冷冻害和雪灾造成农作物受灾面积达 90.0 万公顷,其中绝收面积 3.7 万公顷;729.6 多万人次受灾,8 人死亡或失踪;直接经济损失 89 亿元。2015 年全国低温冷冻害和雪灾受灾面积较常年偏小,与 2014 年相比,受灾面积、死亡人数和直接经济损失均减少。总体而言,2015 年为低温冷冻害和雪灾偏轻年份。年内我国主要低温冷冻害和雪灾事件有:1 月下旬中东部地区出现大范围雨雪降温天气;2 月东北地区降雪量显著偏多;4 月上旬南方遭遇倒春寒;5 月上中旬北方部分地区遭受霜冻灾害;10 月上中旬黑龙江、内蒙古遭受低温冻害;11 月下旬中东部部分地区遭遇雪灾;12 月北方部分地区出现强降雪天气(图 2.5.1)。

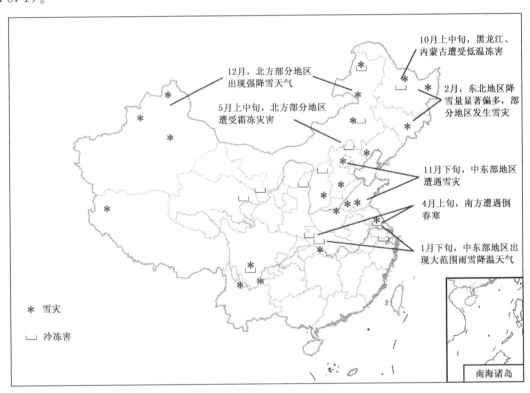

图 2.5.1　2015 年全国主要低温冷冻害和雪灾事件示意图

一、低温冷冻害

　　2015 年,全国平均霜冻日数(日最低气温≤2℃)111.6 天,较常年偏少 9.8 天,为 1961 年以来历史最少(图 2.5.2)。

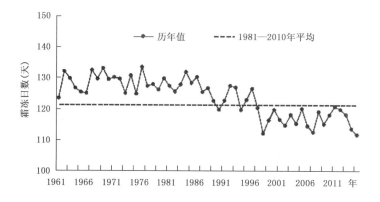

图 2.5.2　1961—2015 年全国平均霜冻日数历年变化

二、雪灾

2015 年，全国平均降雪日数 14.9 天，比常年偏少 11.5 天，为 1961 年以来第 2 少（图 2.5.3）。降雪主要出现在东北东部和北部及新疆北部、内蒙古东部、青藏高原中部和东北部等地，年降雪日数一般在 30 天以上。与常年相比，除北京及辽宁南部、新疆南部等地年降雪日数偏多外，全国其余大部分地区接近常年或偏少（图 2.5.4）。

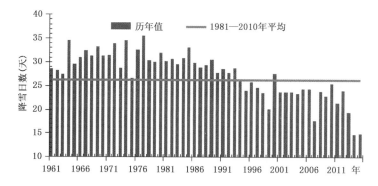

图 2.5.3　1961—2015 年全国平均年降雪日数历年变化

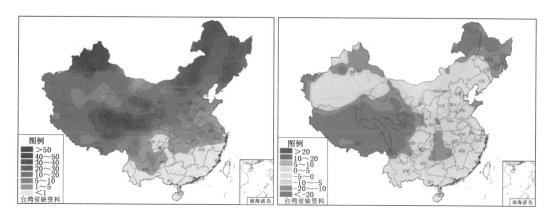

图 2.5.4　2015 年全国降雪日数(左)及距平(右)分布图(单位:天)

三、低温冷冻害和雪灾的影响

1. 1月下旬，中东部地区出现大范围雨雪降温天气

1月27—31日，西北东部、华北西南部、黄淮西部、江淮、江南北部、西南东部等地出现降雪或雨夹雪，降水量一般有5～10毫米，河南南部、湖北、安徽中南部、江苏南部、浙江北部、江西北部、湖南东北部等地有10～25毫米，局部超过25毫米。山西南部、河南中南部、湖北北部、安徽中部等地最大积雪深度5～10厘米，局部超过10厘米，安徽舒城与霍山达20厘米。强降雪天气对当地的交通运输和设施农业造成了一定的不利影响。

2. 2月，东北地区降雪量显著偏多

2月，除黑龙江东部、辽宁西部降水量为5～10毫米外，东北其余大部地区降水量有10～25毫米；与常年同期相比，大部地区降水量偏多1～3倍，黑龙江西部、吉林西部偏多3～4倍，局部地区偏多4倍以上。东北三省区域平均降雪量为14.8毫米，为1961年以来历史同期第4多。东北大部地区降雪日数有5～10天，比常年同期偏多1～3天。吉林、黑龙江大部积雪日数有10～20天，部分地区超过20天。降雪量大，降雪日数多，积雪时间长，对交通和人们出行带来不利影响。

3. 4月上旬，南方遭遇倒春寒

4月上旬，江淮东部、江汉、江南等地出现大幅降温，最大降温幅度普遍有14～20℃，局部地区达20℃以上，湖北、江西、湖南和安徽等地极端最低气温在6℃以下，部分地区最低气温降至0℃左右。江汉南部和江南大部出现较大范围的倒春寒天气，部分直播早稻出现烂种烂秧，蔬菜、茶叶、果树等遭受不同程度冻害。

4. 5月上中旬，北方部分地区遭受霜冻灾害

5月5—16日，我国北方出现大范围降温天气过程，华北、黄淮北部、西北地区东北部及内蒙古大部、黑龙江北部、吉林东部等地过程最大降温有8～12℃，部分地区超过12℃。5月10日北京南郊观象台日最高气温为5月上旬历史同期的最低值。陕西省部分地区气温降至－3～－1℃，青海省海东地区最低气温达零下5.9℃。青海、甘肃、宁夏、陕西、山西、河北等省（区）露地蔬菜及出苗较早的春播作物遭受冻害。

5. 10月上中旬，黑龙江、内蒙古遭受低温冻害

10月8—11日，受较强冷空气影响，中国东北、华北等地出现明显大风降温天气，局地降幅较大。其中，内蒙古呼伦贝尔市阿荣旗最低气温达零下1℃，黑龙江哈尔滨、绥化部分地区最低气温达零下2℃，上述地区遭受低温冷冻害。黑龙江哈尔滨、绥化农作物受灾面积2.2万公顷，直接经济损失9200余万元。内蒙古呼伦贝尔市阿荣旗农作物受灾面积4000公顷，直接经济损失1600余万元。

6. 11 月下旬,中东部地区遭遇寒潮、雪灾

11 月 21—27 日,我国中东部地区出现大范围低温、雨雪天气,最低气温零度线压至长江中下游地区,华北大部最低气温为 −16～−8℃,其中河北北部和山西北部达 −24～−16℃;山东中西部最低气温降至 −14～−9℃。河北保定(−15.6℃)、山东济南(−10.1℃)等 113 站的最低气温跌破当地 1961 年以来 11 月最低记录;华北、黄淮、江淮等地降水量 15～30 毫米,山东中南部、河南北部和江苏中北部等地有 30～60 毫米,山东南部局地达 71 毫米。山东济宁、菏泽等地最大积雪深度达 25～32 厘米,菏泽雪深突破了当地 30 年来的历史纪录。寒潮大雪天气导致河北、山东等省用电负荷大幅增加,各大医院感冒患者人数激增,大雪还造成部分地区公交停运,中小学停课,设施农业、交通出行受到严重影响。

7. 12 月,北方部分地区出现强降雪天气

12 月,受冷空气影响,我国北方大部有 1～5 天降雪,其中新疆北部、黑龙江中部和东北部、吉林中部、内蒙古东北部局地降雪日数在 10 天以上。1—3 日,东北地区大部和内蒙古东部出现强降雪天气,黑龙江东部和吉林中部有暴雪或特大暴雪,累计降雪达 17～26 毫米。10—12 日,新疆乌鲁木齐出现大暴雪,过程累计降雪量达 46.3 毫米,其中 11 日降雪量为 35.9 毫米,破历史极值;积雪深度 45 厘米。深厚的积雪对交通、居民出行及设施农业、畜牧业等带来极大影响,公路交通严重堵塞、航班取消、中小学生停课。

第六节 高温及其影响

2015 年,全国平均高温(日最高气温≥35℃)日数 8.5 天,比常年(7.7 天)偏多 0.8 天。海南平均年高温日数 44.2 天,较常年偏多 25.4 天,为 1961 年以来最多;夏季,新疆区域平均高温日数 21.2 天,比常年同期偏多 7 天,为 1961 年以来同期最多。

一、高温概况

1. 高温日数略偏多

2015 年,全国平均高温(日最高气温≥35℃)日数 8.5 天,比常年(7.7 天)偏多 0.8 天(图 2.6.1)。空间分布上,新疆大部、江西中部和西南部、福建西北部和中南部、广东大部、广西南部及海南等地高温日数有 20～40 天,其中新疆东南部部分地区、广西的局部地区及海南中北部超过 40 天(图 2.6.2 左)。与常年相比,新疆大部、西藏西北部、四川的局部地区、云南北部和南部的部分地区、广西西部和南部、广东中部和南部及海南等地高温日数偏多 5～10 天,其中,新疆南部和云南南部的部分地区、广西西部和南部、广东西南部和中部部分地区及海南等地偏多 10 天以上（图 2.6.2 右）。

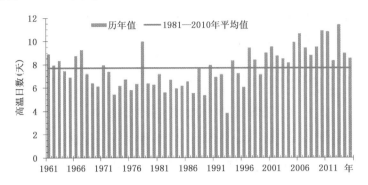

图 2.6.1 1961—2015 年全国平均年高温日数历年变化

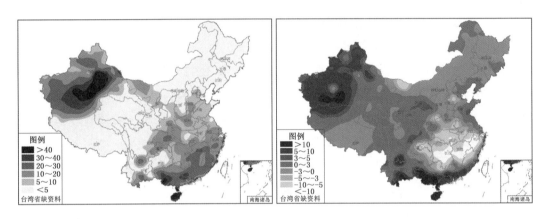

图 2.6.2 2015 年全国高温日数（左）及其距平（右）分布图（单位：天）

2. 新疆、海南高温持续时间长、强度强

2015 年夏季，新疆平均高温日数 21.2 天，比常年同期偏多 7 天，为 1961 年以来历史同期最多；新疆大部极端最高气温一般为 38～40℃，其中新疆西北部和东南部极端最高气温达 40～42℃，局部地区超过 42℃（图 2.6.3），吐鲁番东坎儿 7 月 24 日最高气温达 47.7℃。

2015 年，海南多次出现大范围高温天气过程，全省平均年高温日数达 44.2 天，较常年偏多 25.4 天，为 1961 年以来最多。其中以 5 月 13 日至 6 月 20 日的高温过程最为严重，海口、澄迈、临高、儋州、琼海、屯昌、白沙和昌江共 8 个市县的高温日数均超过 27 天，五指山为 9 天，均居当地历史同期第 1 位，白沙极端最高气温达 38.5℃，突破当地历史同期极值。

3. 主要高温过程

2015 年，我国共出现 3 次较大范围的高温天气过程，具体为：6 月 16—21 日、6 月 26 日至 7 月 3 日、7 月 12 日至 8 月 10 日（图 2.6.4）。

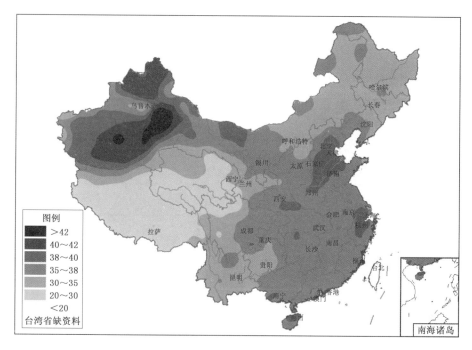

图 2.6.3　2015 年夏季全国极端最高气温分布图(单位:℃)

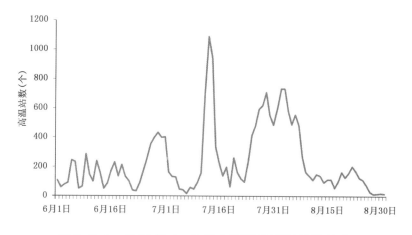

图 2.6.4　2015 年 6—8 月全国逐日高温站数演变

　　2015 年 7 月 12 日至 8 月 10 日,江南中东部大部、广东北部及湖北部分地区、重庆中北部、四川东部部分地区、新疆大部高温日数普遍有 10～15 天,其中南疆大部及北疆的部分地区达 15～20 天,新疆东南部部分地区超过 20 天(图 2.6.5);新疆持续高温天气范围广,38℃以上高温覆盖面积达 75.3 万平方公里。

二、高温的影响

1. 高温对人体健康的影响

　　2015 年夏季热指数达危险和极端危险的日数,华北东南部、黄淮中西部、江淮中西部、江南、华南、西南地区东部及陕西南部等地在 30 天以上,其中江南大部、

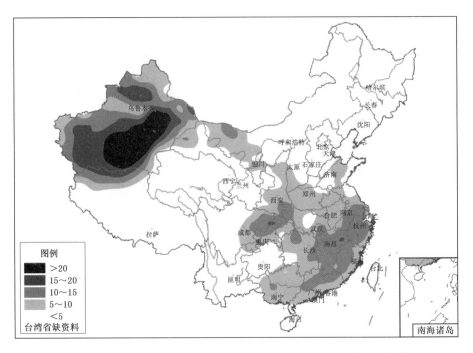

图 2.6.5　2015 年 7 月 12 日至 8 月 10 日高温日数分布图(单位:天)

华南等地有 50～70 天,福建南部、江西南部、广东大部、广西东南部及海南超过 70
天(图 2.6.6)。

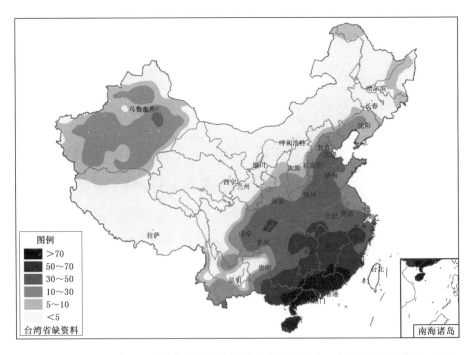

图 2.6.6　2015 年夏季热指数达到危险和极端危险日数分布图(单位:天)

受持续高温影响,海南、广东及新疆多地中暑或呼吸道感染等疾病患者增多。7月初海口市人民医院呼吸道疾病患者明显增多。7月13日前后,东莞市人民医院和康华医院的中暑病人较往年增多,1人因中暑死亡。7月19—25日,新疆维吾尔自治区人民医院急救中心的中暑患者明显增多。

2. 高温对农业的影响

5—6月高温天气致使海南西部地区早稻抽穗扬花和灌浆乳熟受到不利影响,花粉败育,水稻空粒增多,结实率下降;北部早稻因"高温逼熟"千粒重下降。7月份,新疆出现异常持续高温,对春玉米授粉灌浆、棉花授粉及成铃造成一定影响;对平原区春小麦灌浆乳熟不利,产量形成受到一定影响;部分林果出现高温热害现象,对林果品质与产量提高造成了一定影响。

3. 高温对能源的影响

持续高温天气致使当地用电负荷不断攀升。2015年7月3日11时11分,广东统调负荷高达9348.1万千瓦,超2014年全年最高负荷(9072.5万千瓦)。7月13日,东莞电网最高负荷达1288.4万千瓦,较2014年电网最高负荷(1269.3万千瓦)提升了1.5%。7月中下旬,新疆多地出现超过40℃的高温天气,在居民生活用电与农灌用电负荷的拉动下,新疆电网用电负荷屡创新高,截至7月23日,全网最大负荷为2573万千瓦,较2014年同期增长了11.7%,创下历史最高记录。8月18日,海南电网统调最高负荷创2015年第6次新高,达358.7万千瓦,同比增长8.2%。

三、高温评价方法与标准

热指数(Heat Index,HI)是用来评价高温热浪对人体健康影响的指标之一。热指数也称显温,最早由美国著名的生物气象学家Steadman提出,基于Steadman的显温公式,NWS(美国国家天气服务中心)使用热指数来评价人在夏季的不舒适状况。热指数以温度表示,它能较为客观地反映出在相对湿度与气温共同作用下的人体感受。

热指数(HI,单位:℉)的计算公式如下:

$$HI = -42.379 + (2.04901523 \times T + 10.14333127 \times RH) - (0.22475541 \times T \times RH) \times (0.00683783 \times T^2) \times (0.05481717 \times RH^2) \times (0.00122874 \times T^2 \times RH) + (0.00085282 \times T \times RH^2) \times (0.00000199 \times T^2 \times RH^2) \tag{2.6.1}$$

式中,T为气温(单位:℉),RH为相对湿度,在日常监测中计算某日的热指数时取T为日最高气温、RH为日平均相对湿度。热指数的分级标准见表2.6.1。

表 2.6.1　热指数的分级标准

等级名称	分级标准	高危人群可能发生的热病
极端危险	130 °F 以上	连续暴晒极易中暑
危险	105～130 °F	易发生中暑、热痉挛或热疲劳,较长时间暴晒和/或从事体力活动容易中暑
十分注意	90～105 °F	可能发生中暑、热痉挛或热疲劳,较长时间暴晒和/或从事体力活动可能中暑
注意	80～90 °F	较长时间暴晒和/或从事体力活动容易疲劳

研究表明,热指数达到 105°F 以上,会对人体健康产生较大影响,其中 105～130°F 属危险等级,容易发生中暑、热痉挛或热疲劳,如果较长时间暴晒或从事体力活动容易中暑;热指数在 130°F 以上属极端危险天气,如果在这种高温高湿的天气下连续暴晒,极易导致中暑。

第七节　沙尘及其影响

2015 年,我国共出现了 14 次沙尘天气过程,其中 11 次出现在春季(3—5月)。春季,北方地区沙尘过程数较常年同期偏少,但比 2014 年同期偏多,沙尘暴次数与 2003 年和 2013 年并列为 2000 年以来同期第一少;沙尘首发时间接近常年,较 2014 年偏早 28 天;北方地区平均沙尘日数较常年同期明显偏少,为 1961 年以来历史同期第五少。

一、北方沙尘天气主要特征

1. 春季沙尘天气过程数较常年同期明显偏少,沙尘暴次数为 2000 年以来并列第一少

2015 年,我国共出现 14 次沙尘天气过程,11 次出现在春季(3—5月)(表 2.7.1)。春季的 11 次沙尘过程中,有 1 次强沙尘暴、1 次沙尘暴和 9 次扬沙天气过程。2015 年春季沙尘天气过程总次数比常年(1981—2010 年)同期(17 次)明显偏少,接近 2000—2014 年同期平均(11.6 次)(表 2.7.2)。其中沙尘暴和强沙尘暴过程有 2 次,较 2000—2014 年同期平均次数(6.9 次)偏少 4.9 次,较 2014 年同期偏少 1 次,与 2003 年、2013 年并列为 2000 年以来历史同期最少(图 2.7.1)。

表 2.7.1　2015 年我国主要沙尘天气过程纪要表（中央气象台提供）

序号	起止时间	过程类型	主要影响系统	影响范围
1	2 月 21—22 日	扬沙	地面冷锋、蒙古气旋	内蒙古中西部、陕西北部、华北北部、辽宁、吉林南部等地的部分地区出现扬沙或浮尘天气,内蒙古中部局地出现沙尘暴,朱日和、二连浩特出现强沙尘暴
2	3 月 2 日	扬沙	地面冷锋	新疆南疆盆地、内蒙古西部、宁夏、陕西中北部、山西南部、河北南部、河南北部、山东北部等地出现了扬沙或浮尘天气,南疆盆地东部局地强沙尘暴
3	3 月 8 日	扬沙	地面冷锋	新疆南疆盆地、内蒙古西部、甘肃西部等地的部分地区出现扬沙或浮尘天气,南疆盆地若羌、且末出现沙尘暴
4	3 月 14 日	扬沙	地面气旋	内蒙古中部及东部偏南地区、山西北部出现扬沙或浮尘天气
5	3 月 27—29 日	扬沙	地面气旋	宁夏北部、内蒙古中西部、辽宁中部、北京、天津、河北、山东西部、江苏北部等地的部分地区出现扬沙或浮尘,内蒙古正蓝旗出现沙尘暴
6	3 月 31 日至 4 月 1 日	强沙尘暴	热低压、地面气旋和冷锋	宁夏北部、内蒙古西部、甘肃中西部、青海柴达木盆地、新疆南疆大部出现了扬沙或浮尘,部分地区出现了沙尘暴,其中,新疆铁干里克、内蒙古额济纳、拐子湖、甘肃敦煌、安西、肃北、青海小灶、诺木洪等地出现强沙尘暴
7	4 月 15 日	扬沙	地面冷锋	新疆东部、内蒙古中西部、宁夏北部、陕西北部、山西中北部、河北北部、东北地区西部等地出现扬沙天气,局地出现沙尘暴
8	4 月 27—29 日	沙尘暴	地面冷锋	南疆盆地大部、北疆中东部、甘肃西部、青海西北部等地出现了扬沙天气,部分地区出现了沙尘暴。其中,南疆盆地西南部的墨玉县、和田县、民丰县,北疆玛纳斯县等地出现了强沙尘暴。此外,受锋面气旋影响,内蒙古中部、东北地区西南部部分地区出现扬沙
9	4 月 30 日	扬沙	地面冷锋	宁夏中北部、内蒙古河套西部等地的部分地区出现扬沙或浮尘天气

序号	起止时间	过程类型	主要影响系统	影响范围
10	5月5日	扬沙	地面气旋	内蒙古东南部、黑龙江南部、吉林、辽宁北部等地出现扬沙天气,其中内蒙古东南部、吉林西部局地有沙尘暴
11	5月10日	扬沙	热低压、地面气旋和冷锋	新疆南疆盆地、青海柴达木盆地、内蒙古西部、宁夏北部、陕西西北部等地的部分地区出现扬沙或浮尘天气,南疆盆地局地出现沙尘暴或强沙尘暴
12	5月31日	扬沙	地面气旋	内蒙古东南部、吉林西部、辽宁北部等地出现扬沙天气
13	6月9—10日	扬沙	热低压、地面冷锋	新疆北疆和南疆盆地、内蒙古中部、宁夏东部、陕西西北部等地的部分地区出现扬沙或浮尘天气,南疆盆地局地出现沙尘暴或强沙尘暴
14	8月15—17日	扬沙	地面冷锋	新疆南疆盆地、青海北部、甘肃北部、宁夏北部、内蒙古西部等地的部分地区出现扬沙或浮尘天气

表 2.7.2　2000—2015 年春季(3—5 月)及各月我国沙尘天气过程(单位:次)

时间	3月	4月	5月	总计
2000 年	3	8	5	16
2001 年	7	8	3	18
2002 年	6	6	0	12
2003 年	0	4	3	7
2004 年	7	4	4	15
2005 年	1	6	2	9
2006 年	5	7	6	18
2007 年	4	5	6	15
2008 年	4	1	5	10
2009 年	3	3	1	7
2010 年	8	5	3	16
2011 年	3	4	1	8
2012 年	2	6	2	10
2013 年	3	2	1	6
2014 年	2	3	2	7
2015 年	5	3	3	11
2000—2014 年平均	3.9	4.8	2.9	11.6

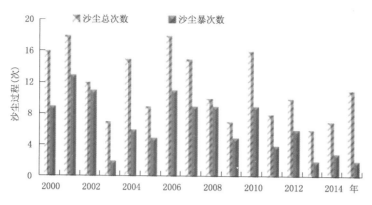

图 2.7.1　2000—2015 年春季中国沙尘天气过程次数及沙尘暴过程次数历年变化
（注：经国家气象中心专家审定，2013 年沙尘暴次数由以前的 1 次改为 2 次）

2. 沙尘首发时间接近常年

2015 年我国首次沙尘天气过程发生时间为 2 月 21 日，与 2000—2014 年平均首发时间（2 月 19 日）接近，较 2014 年（3 月 19 日）偏早 28 天（表 2.7.3）。

表 2.7.3　2000 年以来历年沙尘天气最早发生时间

年份	最早发生时间	年份	最早发生时间
2000	1 月 1 日	2008	2 月 11 日
2001	1 月 1 日	2009	2 月 19 日
2002	3 月 1 日	2010	3 月 8 日
2003	1 月 20 日	2011	3 月 12 日
2004	2 月 3 日	2012	3 月 20 日
2005	2 月 21 日	2013	2 月 24 日
2006	2 月 20 日	2014	3 月 19 日
2007	1 月 26 日	2015	2 月 21 日

3. 春季沙尘日数为 1961 年以来同期第五少

2015 年春季，我国北方平均沙尘日数为 2.6 天，较常年（1981—2010 年）同期（5.1 天）偏少 2.5 天，比 2000—2014 年同期（3.7 天）偏少 1.1 天，为 1961 年以来历史同期第五少（图 2.7.2）。平均沙尘暴日数为 0.3 天，分别比常年同期（1.1 天）和 2000—2014 年同期（0.8 天）偏少 0.8 和 0.5 天，为 1961 年以来历史同期最少（图 2.7.3）。

从分布来看，2015 年春季沙尘天气出现在西北东北部和西部、华北北部、东北西南部及内蒙古大部、西藏西部等地，其中新疆南部、甘肃西部、青海西北部、宁夏北部、内蒙古中部和西部、辽宁西北部和吉林西部等地，沙尘日数普遍在 3 天以上，南疆盆地及内蒙古西部和中北部等地部分地区沙尘日数超过 10 天，局部地区

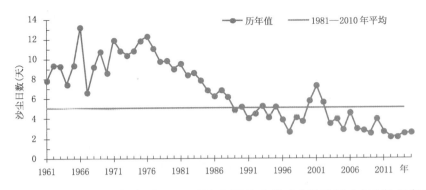

图 2.7.2　1961—2015 年春季(3—5 月)中国北方沙尘(扬沙以上)日数历年变化

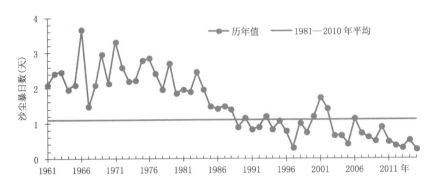

图 2.7.3　1961—2015 年春季(3—5 月)中国北方沙尘暴日数历年变化

在 15 天以上(图 2.7.4)。与常年同期相比,北方大部地区沙尘日数偏少,尤其是新疆西南部、内蒙古西部和中部、宁夏大部等地偏少 5～10 天,部分地区偏少 10 天以上(图 2.7.5)。

二、沙尘天气影响

2015 年 14 次沙尘天气对当地人们日常生活、空气质量、部分设施农业等产生不利影响。但总体而言,沙尘天气对我国的影响偏轻。

4 月 15 日,内蒙古、西北地区东部、华北、黄淮北部、东北地区西部等地出现 5～7 级风,阵风 8～9 级;内蒙古中南部、宁夏、陕西中北部、山西、河北、北京、天津、河南北部、山东北部及黑龙江西南部、吉林西部、辽宁西北部等地出现扬沙或浮尘天气,北京、山西东北部、内蒙古南部等地局地出现沙尘暴。经估算,这次沙尘天气影响面积达 140 万平方公里。沙尘天气对上述部分地区的民航、公路运输、设施农业造成一定影响;空气质量明显下降,人们正常生活受到影响。4 月 15 日,沙尘暴随 9 级大风袭击北京,黄沙弥漫,能见度迅速下降,多个监测站点 PM_{10} 小时均值浓度超过 1000 微克/立方米,达到重度污染。同日,内蒙古呼和浩特机场多个航班延误;乌兰察布市集宁区大风沙尘天气造成 1 人死亡,部分路灯、广告牌、房屋玻璃等不同程度受损。

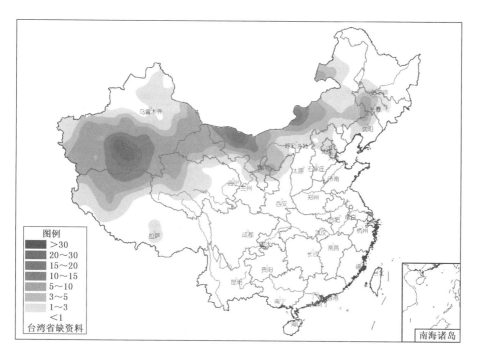

图 2.7.4　2015 年全国春季沙尘日数分布图(单位:天)

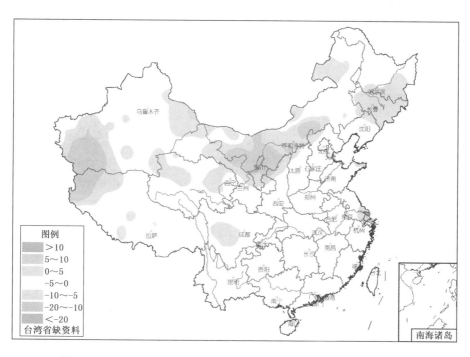

图 2.7.5　2015 年全国春季沙尘日数距平分布图(单位:天)

　　4 月 27—29 日,南疆盆地大部、北疆中东部、甘肃西部、青海西北部、内蒙古中部、东北地区西南部等地出现扬沙天气,部分地区有沙尘暴。其中,南疆盆地西南部的墨玉县、和田县、民丰县,北疆玛纳斯县等地出现强沙尘暴。此次沙尘暴天气过程是2015年影响我国范围最广、损失最重的一次。沙尘天气造成新疆克拉玛依、吐鲁番、哈密等12地(市、自治州)28个县(市、区)64.1万人受灾,棉花、玉米等农作物受灾面积9.5万公顷,其中绝收1600公顷,200余间房屋不同程度损坏,直接经济损失2.3亿元;新疆生产建设兵团一师、二师、三师等12个师64个团(场)4.9万人受灾,农作物受灾面积4.2万公顷,直接经济损失5600余万元。南疆铁路吐鲁番至鱼儿沟干线及兰新铁路客运百里风区干线列车停运20个小时;乌拉泊至小草湖高速公路实施大货车双向管制20个小时。

第八节　雾、霾及其影响

2015年,我国雾主要分布在黄淮中部和东南部、江淮东部、江南东部及福建北部、湖南中部、重庆、云南东部、辽宁东部、北疆等地;霾主要分布在东北南部、华北、黄淮东部、江淮中部和东部、江南北部、华南中部等地。全年共出现11次大范围的雾、霾天气过程,雾、霾天气对交通运输、人体健康产生较大影响。

一、雾日分布特点

2015年,我国的雾主要出现在100°E以东地区及新疆北部,中东部地区及新疆北部雾日数一般有10～30天,黄淮中部和东南部、江淮东部、江南东部以及福建北部、重庆、湖南中部、辽宁东部、北疆等地在30天以上(图2.8.1)。

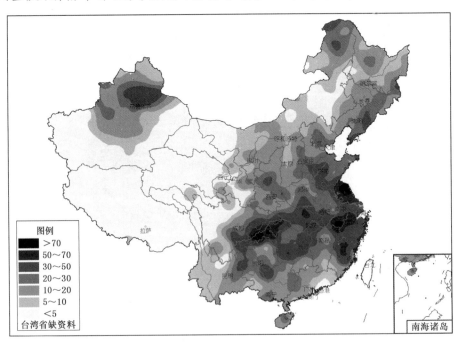

图2.8.1　2015年全国雾日数分布(单位:天)

2015 年，我国 100°E 以东地区平均雾日数 23.6 天，较常年偏多 2 天，为 1995 年以来最多（图 2.8.2）。

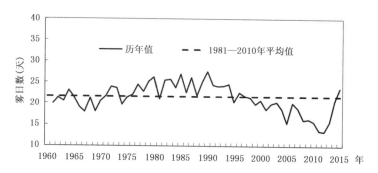

图 2.8.2　1961—2015 年中国 100°E 以东地区平均年雾日数历年变化

从各月雾日数占全年的百分比可以看出（图 2.8.3），2015 年我国雾多发月份为 11 月和 12 月，分别占全年雾日数的 14％和 17％。

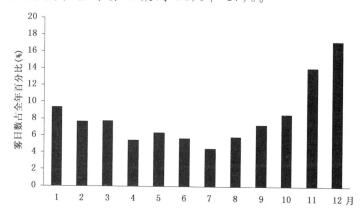

图 2.8.3　2015 年中国 100°E 以东地区各月雾日数占全年的百分比

二、霾日分布特点

2015 年，我国中东部地区霾日数普遍有 20～50 天，其中，吉林中部、辽宁北部、北京、山西中南部、河北南部、河南西北部、山东西部、江苏、安徽东北部、广东中部等地有 50～70 天，局地超过 70 天（图 2.8.4）。

2015 年，我国 100°E 以东地区平均霾日数为 27.5 天，比常年偏多 18 天，为 1961 年以来第三多，仅次于 2013 年和 2014 年（图 2.8.5）。

2015 年，我国霾多发月份为 1—3 月和 10—12 月，这 6 个月的霾日数占全年的 77％，其中 1 月最多、12 月次多（图 2.8.6）。

三、雾、霾的影响

2015 年，我国共出现 11 次大范围、持续性雾、霾天气过程（主要集中在 1 月和 11—12 月），空气污染程度重，能见度低，对交通运输以及人们身体健康不利。2015

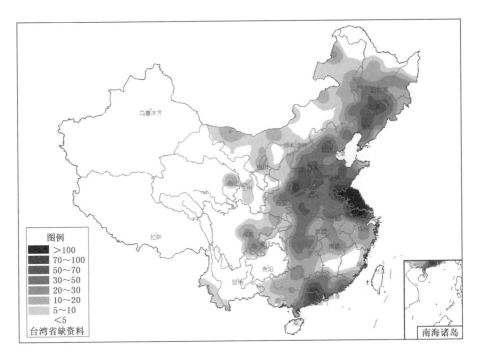

图 2.8.4 2015 年全国霾日数分布(单位:天)

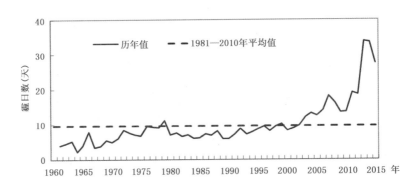

图 2.8.5 1961—2015 年中国 100°E 以东地区平均年霾日数历年变化

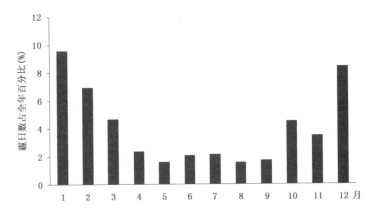

图 2.8.6 2015 年中国 100°E 以东地区各月霾日数占全年百分比

年的主要雾、霾天气过程有：

1月，主要有4次雾、霾天气过程：2—5日，华北、黄淮、江淮、江汉及陕西等地出现霾，河北南部、江苏北部等地出现重度霾；8—11日，华北南部、黄淮、江淮以及湖北、湖南等地出现雾、霾；13—16日，华北、黄淮、四川盆地及陕西、湖北、湖南、江苏、安徽等地出现雾、霾，部分地区出现重度霾，北京中南部、天津西部、河北中部、湖南、江西北部等地的部分地区一度出现能见度不足1000米的雾；23—26日，华北、黄淮等地出现中度或重度霾天气，京津冀地区雾、霾重，京津冀多个站点23日PM$_{2.5}$日均浓度超过150微克/立方米，其中北京朝阳最高，最大小时均值浓度达386.5微克/立方米。雾、霾天气导致湖北、江苏、江西、四川、天津、山东、广西、贵州、云南等省多条高速公路临时封闭，多个航班延误。其中，13日，京昆高速川北段受大雾影响导致多车追尾，南充境内大雾持续，境内高速连续6天实施交通管制，贵阳龙洞堡国际机场有50架次航班延误；14—15日，天津多个高速公路封闭，天津机场38个出港航班、24个进港航班不能正常起降；15—16日，山东累计共50多个高速公路收费站临时封闭或间隔放行，济南遥墙国际机场共6架次航班延误、2架次航班取消；25日，山东共70多个高速公路收费站临时关闭，济南遥墙国际机场多架次航班延误或取消，最长延误时间超过4小时；26日上午，受突起浓雾导致能见度降低的影响，兰海高速贵遵段发生5起车辆追尾事故，1人死亡、4人受伤；26—27日，广西防城港实施了海上交通管制共17个小时，暂停所有船舶进出港。

2月，有一次明显雾、霾天气过程出现在14—16日，北京、天津、河北、辽宁、吉林、河南、山东、四川盆地等地出现雾、霾天气，部分地区PM$_{2.5}$浓度超过250微克/立方米，北京、河北中部局地PM$_{2.5}$浓度超过300微克/立方米。同期，华南南部、江苏、安徽南部、浙江北部、四川盆地、广西等地部分地区出现能见度不足1000米的雾。雾、霾天气主要对交通影响较大，11日，成自泸高速成都往自贡方向162公里处因雾56台车先后发生连环追尾交通事故，造成2人死亡、34人受伤。15日，因雾导致能见度低，黑龙江哈尔滨市环城高速公路84公里处发生11辆车相撞，造成1人死亡、3人受伤；哈尔滨太平国际机场多架次航班延误。15日，山东大部出现雾天气，并伴有中度以上霾天气，能见度低致使济南遥墙国际机场23架次进港航班和32架次出港航班延误，个别航班延误时间超4小时。

11月，主要有3次雾、霾过程。6—8日，东北地区出现霾天气，部分地区PM$_{2.5}$浓度超过250微克/立方米，哈尔滨市PM$_{2.5}$小时峰值浓度接近1000微克/立方米，长春、沈阳等城市PM$_{2.5}$小时峰值浓度甚至超过1000微克/立方米；受雾、霾天气影响，机场、高速公路多次封闭，中小学校停课。9—15日，东北中南部、华北大部、黄淮、江淮中东部等地出现持续性雾、霾天气，上述部分地区PM$_{2.5}$浓度超过 250 微克/立方米,北京 $PM_{2.5}$ 峰值浓度达到 344 微克/立方米;受雾、霾天气影响,9 日,吉林境内的京哈、珲乌等主要高速部分路段实行了交通管制,长春龙嘉机场 87 个航班延误;11 日,哈尔滨机场共有 261 个航班受影响,其中取消航班 155 个;12 日,辽宁多地出现能见度小于 200 米的浓雾天气,沈阳绕城高速、沈康高速全线、灯辽高速全线等多条高速公路路段因雾封闭;15 日,河北中南部因持续性大雾天气,青银高速、京港澳高速石安段、邢衡高速邢台段、大广高速衡大段等都对部分站口实行了双向关闭。11 月 27 日至 12 月 1 日,华北大部、黄淮、江淮东部及河南北部、山东西北部等地出现中度到重度霾,并伴有大范围能见度不足 1000 米的雾,部分地区出现能见度不足 200 米的强浓雾,能见度 3 千米以下且 $PM_{2.5}$ 浓度超过 150 微克/立方米覆盖面积达到 41.7 万平方公里。其中,京津冀地区过程平均 $PM_{2.5}$ 浓度普遍超过 250 微克/立方米,30 日北京、河北局地最高小时峰值浓度超过 900 微克/立方米,北京琉璃河站高达 976 微克/立方米。受此次雾、霾天气影响,大量航班停飞、华北区域多条高速公路关闭。28 日石家庄机场所有进港航班处于延误状态;30 日近万人滞留咸阳机场,大雾笼罩长江口水域,上海港船舶大量出入境受阻。此次过程具有强度强、影响范围广、过程发展快、强浓雾与严重霾混合、能见度持续偏低、影响严重等特点,为 2015 年最严重的一次雾、霾天气过程。

12 月,我国中东部地区出现 2 次大范围雾、霾天气过程。6—10 日,华北、黄淮及辽宁等地出现大范围雾、霾天气,北京、天津、河北、河南、山东西部、山西中南部、陕西关中出现中度霾,部分地区出现重度霾;局地 $PM_{2.5}$ 浓度超过 500 微克/立方米,北京启动首个重污染天气红色预警。6 日,湖北省内 30 多个从武汉前往重庆、成都、深圳、北京等地航班延误 2 个多小时,造成 2000 余名旅客滞留天河机场,另有 10 余个进港航班延误或备降周边城市机场;8 日,受大雾天气影响,四川省多条高速公路实施交通管制,部分路段封闭。19—25 日,华北中南部、黄淮大部、江淮东部及陕西关中等地出现中度到重度霾,重度霾面积达 19.1 万平方公里。华北中南部、黄淮大部出现大面积严重污染,北京南部、河北中南部部分地区 $PM_{2.5}$ 峰值浓度均超过 500 微克/立方米,河北南部局地超过 1000 微克/立方米,北京再次启动重污染天气红色预警。期间,华北、黄淮、江淮和江南等地夜间至上午时段多次出现大雾,局地能见度不足 200 米,对公路交通造成不利影响。23 日,郑州机场取消或延误航班 200 多架次,济南遥墙国际机场取消航班 70 多架次;24 日,北京、天津等地的部分机场、高速公路都受到影响,北京首都机场出现部分航班延误;23—25 日,山东有 25 条高速公路的 200 余座收费站因雾、霾临时封闭。

第三章　气候对农业影响评价

第一节　农业气候资源和气象灾害

2015 年,我国主要粮食作物产区光温水总体匹配较好,仅部分地区出现阶段性干旱、暴雨洪涝、低温阴雨寡照等灾害,农作物受到一定影响。总体来讲,天气气候条件对农业生产比较有利。

一、活动积温

2015 年,全国平均≥10℃积温(作物生长季积温)为 4794.8℃·d,较常年(4730.1℃·d)偏多 64.7℃·d(图 3.1.1)。其中长江以南大部地区以及江淮、江汉、四川盆地东部等地≥10℃积温为 5000～7000℃·d,华南大部及云南南部部分地区超过 7000℃·d;全国其余大部地区为 2000～5000℃·d,其中青海大部、西藏大部、四川西北部不足 2000℃·d。与常年相比,除安徽、河南南部、湖北中部、云南南部等地偏少 100～200℃·d,局地偏少 200℃·d 以上外,全国其余大部地区接近常年或偏多,西南东部地区大部及广东和广西大部、海南中北部、新疆南部及北部等地偏多 200～300℃·d,其中四川东部、贵州西部、广西南部等地偏多300℃·d 以上(图 3.1.2)。

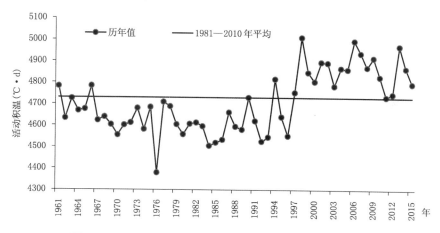

图 3.1.1　1961—2015 年全国≥10℃积温历年变化

1. 冬季气温

2015 年冬季(2014 年 12 月至 2015 年 2 月),除西藏西部局部、青海南部局部及海南南部等地气温偏低 0.5～2℃外,全国其余大部地区气温接近常年同期或偏

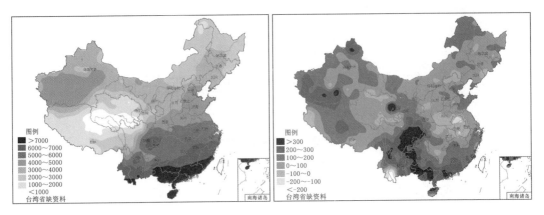

图 3.1.2　2015 年≥10℃积温(左)及积温距平(右)分布(单位:℃·d)

高,其中华北东部、黄淮、华中及新疆北部、青海中东部、内蒙古等地偏高 1～2℃,局部地区偏高 2℃ 以上。

2. 春季活动积温

2015 年春季≥10℃积温与常年同期相比,除青海南部、西藏大部、黑龙江西部略偏少外,全国其余大部地区接近常年同期或偏多,其中西南地区东部大部及新疆大部等地偏多 100～150℃·d,局部地区偏多 150℃·d 以上(图 3.1.3)。4 月 6—8 日,受强冷空气影响,江淮东部、江汉及江南等地出现大幅降温,最大过程降温普遍在 14～20℃,局部地区达 20℃ 以上,极端最低气温普遍在 9℃ 以下,湖北、

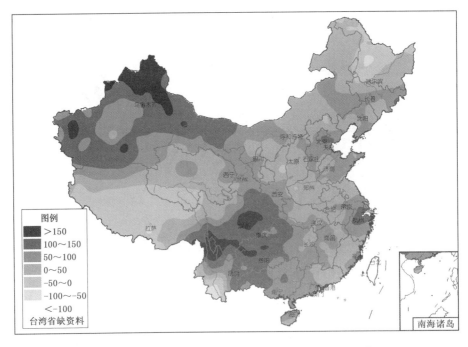

图 3.1.3　2015 年春季≥10℃积温距平分布(单位:℃·d)

江西北部、湖南北部、安徽等地在 6℃以下,上述地区还出现了 3 天以上的日平均气温连续≤12℃的春季低温天气。持续低温阴雨天气不利于早稻播种育秧及秧苗生长,部分地区出现烂秧、烂种现象,棉花育苗也受到影响。5 月 5—16 日,我国北方出现大范围降温天气过程,华北、黄淮北部、西北地区东北部及内蒙古大部、黑龙江北部、吉林东部等地过程最大降温普遍有 8～12℃,部分地区超过 12℃;东北大部、华北北部、西北部分地区以及内蒙古中东部出现不同程度的霜冻天气,露地蔬菜、出苗较早的春播作物遭受冻害。

3. 夏季活动积温

2015 年夏季≥10℃积温与常年同期相比,除长江中下游及河北北部、河南南部等地偏少 50～200℃·d 外,全国大部地区接近常年同期或偏多,其中西藏大部、新疆北部和西南部、内蒙古东北部、黑龙江西北部等地偏多 50～100℃·d(图3.1.4)。7 月,新疆出现长时间大范围的强高温过程。高温持续时间长,自 7 月 8日开始,持续到月底;高温范围大,7 月 22 日 38℃以上高温的面积最大,达 75.3万平方公里;高温强度强,全疆大部地区超过 38℃,甚至超过 40℃。新疆出现持续大范围高温天气,不利于棉花、玉米生长发育。

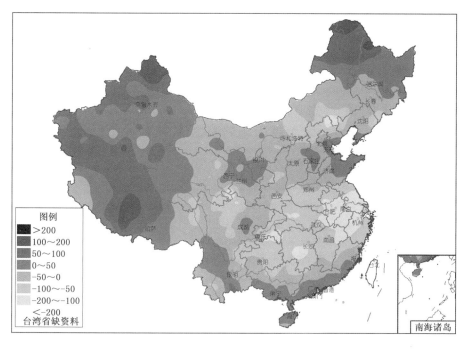

图 3.1.4　2015 年夏季≥10℃积温距平分布(单位:℃·d)

4. 秋季活动积温

2015 年秋季≥10℃的积温与常年同期相比,全国大部地区接近常年同期或偏多,其中西北地区东部、西南大部、江南、华南、江淮东部、黄淮东部等地偏多 50～

100℃·d,四川大部、贵州西部、云南东部等地多偏 100℃·d 以上（图 3.1.5）。全国主要农业产区光热充足,东北农区大部初霜期偏晚,南方地区寒露风影响较轻,气象条件总体利于秋收作物灌浆成熟与收晒。

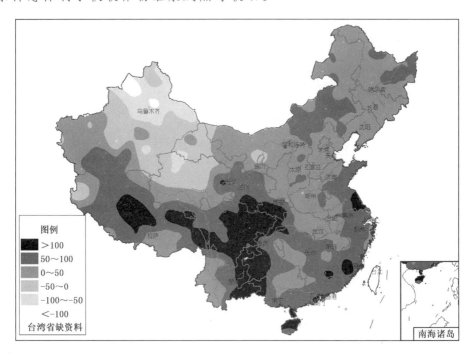

图 3.1.5　2015 年秋季≥10℃积温距平分布(单位:℃·d)

二、农业气象灾害及影响

1. 气候条件和气象灾害对主要作物的影响

冬小麦全生育期,光热充足,降水量接近常年同期或偏多,土壤墒情适宜,气候条件总体利于冬小麦生长发育和产量形成。秋播期麦区大部土壤蓄墒充足,冬小麦播种出苗顺利;播种至入冬前热量充足,利于冬小麦形成壮苗;冬季北方冬麦区气温偏高、墒情适宜,利于冬小麦安全越冬,南方冬麦区光温水匹配较好,利于生长发育;春季冬麦区光热充足,降水及时,利于冬小麦产量形成。总体上,冬小麦主产区干旱、干热风等农业气象灾害发生范围小、影响程度轻。

早稻生育期内,江南、华南光热条件较适宜,用水充足,气候条件总体对早稻生长发育和产量形成有利。播种育秧和移栽返青期大部光温适宜,早稻播种适时,栽插返青顺利;分蘖拔节期热量充足利于早稻分蘖,但部分地区阴雨寡照天气导致无效分蘖增多;孕穗抽穗期频繁强降水使部分早稻遭受一定危害;灌浆成熟期部分早稻遭遇高温热害但影响偏轻,江南部分地区多雨寡照不利早稻灌浆。

晚稻生育期内,主产区气象条件总体接近常年同期,但不及去年。尤其是江南大部、华南北部和西部寡照突出,光照条件明显差于去年和常年。播种育秧阶段低温寡照、孕穗至抽穗扬花阶段寒露风和台风影响等不利于晚稻生长发育和产量形成；成熟收获阶段的连阴雨、强降水影响明显偏重。

一季稻生育期内，产区大部热量适宜，降水量接近常年同期，光温水条件匹配较为协调，气象条件适宜一季稻生长发育和产量形成。春季气温偏高，热量充足，一季稻播种育秧顺利；移栽至分蘖期产区大部水分充足，光温适宜，但江淮等地多雨寡照和云南干旱不利于一季稻分蘖生长；孕穗抽穗阶段产区大部光温适宜，西南地区南部阶段性阴雨寡照、四川盆地北部温高雨少对孕穗抽穗略有影响；灌浆成熟期产区大部多晴好天气，用水充足；四川盆地南部、贵州大部多雨寡照，影响水稻灌浆速度和成熟。

玉米生育期内，光热条件接近或略好于历史同期平均水平，但降水量总体偏少，辽宁、山西等地部分春玉米抽雄吐丝阶段遭受"卡脖旱"，产量受到一定影响。春玉米播种出苗阶段气温波动明显，播种期推迟，高峰期持续时间长。夏玉米播种受干旱影响略偏晚；幼苗生长阶段产区大部光温正常，幼苗长势较好；拔节阶段北方春玉米区旱情显现，部分发育进程延迟，西南地区东南部阴雨寡照天气多，对玉米穗分化和根系发育不利；抽雄吐丝阶段玉米产区大部降水持续偏少，辽宁、吉林、陕西等地旱情较重，玉米产量受到影响。

2. 年内各月气象灾害及农业影响

1月，云贵部分地区低温、寡照对经济林果生长不利；江淮、江汉和江南地区大部气温偏高2～4℃，光照偏多20～40小时，对冬小麦、油菜和露地蔬菜缓慢生长以及设施农业生产较为有利，但湖北、安徽中部和湖南中北部气温偏低1～2℃，并出现雨雪、冰冻天气，造成小麦、油菜、露地蔬菜和经济林果受冻、设施农业和牲畜圈舍垮塌；云贵部分地区低温、寡照对经济林果生长不利，广西西北部局地出现霜（冰）冻天气，对越冬作物和喜温蔬菜生长不利。

2月，东北大部及内蒙古东部地区降水较常年同期偏多5成至4倍，最大积雪深度有5～20厘米，局部20～50厘米，对设施农业和畜牧业生产不利；其中，20—22日东北地区普降大到暴雪并伴有较强降温，黑龙江中西部等地积雪过厚造成部分设施大棚损坏，棚内作物受灾。下半月，长江中下游地区雨（雪）天气频繁，江淮西南部、江汉南部以及江南中北部累计降水量达50～100毫米，部分地区100～250毫米，低洼田块土壤持续过湿，对冬小麦、油菜、露地蔬菜根系生长有不利影响。

3月，长江中下游地区热量条件基本能满足冬小麦、油菜春发春长和早稻播种育秧，但阴雨天气较多，部分旱地作物遭受湿渍害和病虫害；华南上半月出现阶段性低温阴雨寡照天气，广西等地早稻播种进度偏慢；下旬云南多地出现强对流天气，局地农业生产损失较重。

4月，江淮、江汉、江南大部上旬连阴雨、倒春寒和强降水天气影响农业生产；华南大部降水偏少不利库塘蓄水，广西南部和西部部分蓄水较差地区早稻移栽进度受到一定影响。

5月，江淮和江汉上中旬多晴好天气，利于夏收作物灌浆成熟和收晒，下旬雨日增多，湖北南部、安徽西南部等地部分地区夏收短暂受阻；江南、华南强降水过程频繁，大部分地区的旱情解除，但局地渍涝灾害较重，油菜收晒受到影响；云南西北部降水偏少8成以上，旱情持续发展。

6月，东北地区前半月气温较常年同期偏低1～2℃，部分地区偏低2～4℃，出现阶段性低温，导致部分作物生育期延缓；江南北部和东部、华南西北部强降水频发，累计降水量250～400毫米，较常年同期偏多5成以上，大到暴雨日数有3～10天，湘、赣、浙、苏、皖、沪等地的部分地区遭受暴雨洪涝灾害，部分农田受淹被毁，棉花、玉米等作物生长发育和经济林果遭受不利影响，部分正处于抽穗开花期的早稻遭受"雨洗禾花"危害，农业生产损失较重；云南西北部降水持续偏少，农业干旱持续发展；四川东北部、贵州东部、重庆东部降水量有200～400毫米，降水偏多5成以上，强降水使部分农田遭受洪涝灾害；华北、黄淮大部6月上中旬温高少雨墒情持续下降，夏播期部分地区墒情偏差，部分无灌溉条件地区的作物播种受到影响。

7月，辽宁南部出现较为严重干旱，不利于春玉米发育；甘肃东北部、陕西北部、山西西南部等地降水持续偏少，旱情发展；新疆出现持续大范围高温天气，不利于棉花、玉米生长发育；淮河以南大部时段以阴雨寡照为主，江南东部、华南西南部等地出现暴雨洪涝，对早稻收晒、一季稻孕穗、棉花开花、果树挂果等不利；台风"莲花"和"灿鸿"先后登陆广东和浙江，狂风暴雨导致沿海地区农业受灾。

8月，内蒙古中南部、辽宁中西部降水偏少，土壤墒情持续偏差，对玉米、马铃薯产量形成不利，西北地区东北部、华北西部降水偏少，土壤墒情偏差，旱情持续或发展，玉米、大豆等秋收作物生长发育和产量形成受到一定影响；受台风"苏迪罗"和强对流天气影响，江汉北部、江淮东部部分地区低洼地段出现涝渍、棉花蕾铃脱落、高秆作物倒伏；江南东部、华南部分地区遭受洪涝、大风灾害，造成低洼农田被淹、棉花、晚稻和高秆作物产量及农渔业设施受损；贵州西部、云南大部持续多雨寡照天气不利于一季稻和玉米灌浆成熟及收晒、经济作物品质和产量提高。

9月，华南、西南地区先后出现多次较大范围强降水天气过程，部分地区遭受暴雨洪涝灾害，农业生产受损；第21号台风"杜鹃"导致闽、浙等地部分地区洪涝灾害严重，台风带来的强风还造成晚稻、成熟一季稻等大面积倒伏，柑橘、橙等经济林果折枝落果，设施蔬菜、畜禽大棚、水产养殖设施损毁；9月初，西北地区东部、华北西部及内蒙古中部等地气象干旱范围较大，山西、甘肃、内蒙古等地的部分地区由于干旱持续时间长、旱情重，对农业影响大。

10月,云南和贵州上旬多阴雨寡照天气,秋收秋种短暂受阻;山东大部、河南南部等地降水偏少,无灌溉条件地区土壤墒情偏差,影响冬小麦适时播种和苗期生长;华南中西部上半月出现台风、暴雨洪涝和寒露风,影响晚稻抽穗灌浆;受台风"彩虹"影响,10月3—6日华南中部出现狂风暴雨,造成晚稻、甘蔗倒伏受淹、果树落枝落果、水产养殖受损;9—16日,华南中西部出现轻至中度寒露风天气,不利于抽穗扬花期的晚稻授粉结实。

11月,我国中东部阴雨寡照突出,设施农业以及南方秋收秋种受影响较大;华北、黄淮等地设施农业和畜牧业遭受雪灾;月前中期,云南、湖南、广西、江西、浙江、广东、福建等多地出现1~5天大到暴雨、局地大暴雨天气,导致部分地区遭受洪涝灾害,农作物、蔬菜、鱼塘等被淹或冲毁,农业生产遭受一定损失。

12月,我国中东部阴雨、雾霾天气较多,寡照导致设施蔬菜及秋播作物烂根死苗;浙江北部12月5—6日出现降雪天气,部分地区最大积雪深度达10~20厘米,露地蔬菜遭受不同程度的雪灾、冻害,积雪压塌设施大棚,损失较重。

第二节　水稻气候条件评价

2015年水稻生长季内,稻区大部光热条件适宜,用水充足,产量形成关键期高温热害时间短、范围小,影响较常年和去年同期偏轻;早稻和一季稻整个生长季气象条件较晚稻生长季气象条件偏好;秋季,江南大部、华南北部和西部阴雨日数达40~50天,晚稻孕穗至抽穗扬花阶段受到寒露风和台风影响,成熟收获阶段的连阴雨、强降水影响明显偏重。

一、早稻

2015年早稻生育期内,产区大部气温接近常年同期或略偏高,江南大部≥10℃积温较常年同期偏多50~100℃·d,华南大部偏多100~200℃·d;累计降水量为800~1400毫米,接近常年同期。产区大部生育期日照时数接近常年同期或略偏少,其中江南大部偏少100~300小时(图3.2.1),光照条件较常年同期偏差,接近或差于去年同期;华南南部和西部偏多50~200小时。

1. 播种育秧期产区大部光温适宜,早稻播种适时,阶段性低温阴雨天气延缓播种

华南早稻自2月中旬开始自南向北陆续播种,至3月下旬结束。大部地区2月中旬至3月下旬气温偏高1~4℃,日照较充足,适宜的光温条件利于早稻播种育秧及秧苗生长。3月上半月,华南西部气温偏低2~4℃,降雨日数有7~12天,出现连续3~9天日平均气温低于12℃的低温阴雨寡照天气,早稻播种进度偏慢,部分已播地区秧苗长势偏弱。

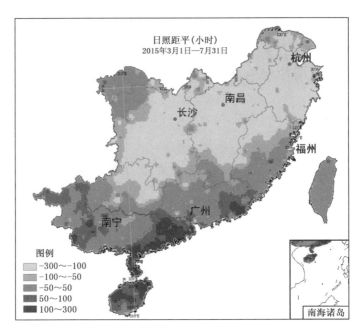

图 3.2.1　2015 年早稻全生育期日照距平

　　江南大部 3 月下旬至 4 月中旬气温偏高 1～4℃,日照偏多 2 成至 1 倍,利于早稻播种育秧及秧苗生长。4 月上旬出现持续阴雨天气,大部阴雨日数有 5～9 天,部分地区出现暴雨,造成湖北、湖南部分低洼地块秧田受淹;4 月 6—9 日出现 3～4 天日平均气温低于 12℃的倒春寒天气,造成已播种早稻烂种烂秧,已出苗的秧苗生长缓慢、苗情偏差,未完成播种的地区播期延迟。

　　2.移栽返青期光温条件较好,用水充足,栽插返青顺利

　　华南大部 4 月上中旬多晴好天气,气温接近常年同期或偏高 1～4℃,日照偏多 30～60 小时,大部地区出现 30～150 毫米降水,利于早稻移栽和返青生长;广西西部地区降水量偏少 5 成以上,部分蓄水较差的地区早稻移栽用水不足,影响移栽进度。江南大部 4 月下旬至 5 月上旬光温正常,降水量有 50～250 毫米,早稻移栽返青顺利,秧苗长势较好。

　　3.分蘖拔节期热量条件较好,持续阴雨寡照不利分蘖拔节

　　华南、江南 4 月下旬至 5 月下旬早稻先后进入分蘖拔节生长阶段,大部气温接近常年同期或偏高 1～2℃,热量条件利于早稻分蘖早生快发。江南和华南中东部阴雨日数有 21～30 天(图 3.2.2),日照偏少 30～80 小时,持续阴雨寡照天气影响早稻分蘖拔节,部分田块无效分蘖增多;江南中东部、华南大部大到暴雨日数达 3～9 天,局地 10～15 天,江西南部、广东中部等地部分稻田遭受洪涝灾害,强降水天气频繁也导致稻飞虱、稻纵卷叶螟、稻瘟病等病虫害偏重发生。

　　4.孕穗抽穗期温度适宜,光照充足,强降水影响部分早稻授粉结实

　　江南、华南大部 6 月气温接近常年同期或偏高 1～2℃,日照大部接近常年同

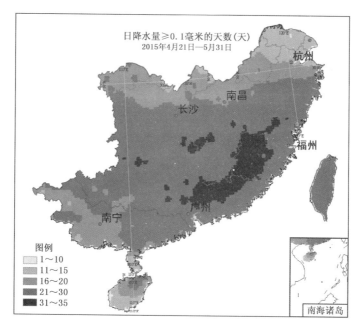

图 3.2.2　2015 年 4 月下旬至 5 月下旬雨日数

期或偏多,利于早稻孕穗、抽穗开花和灌浆。江南北部和东部、华南西北部降水天气较多,阴雨日数普遍有 15～20 天,大部大雨及以上级别日数有 3～6 天、部分地区 7～9 天(图 3.2.3),造成部分稻田被淹,处于抽穗开花期的早稻遭受"雨洗禾花"危害,结实率降低。海南大部受持续高温少雨天气影响,致使处于抽穗扬花期的早稻空秕粒增多、结实率下降。

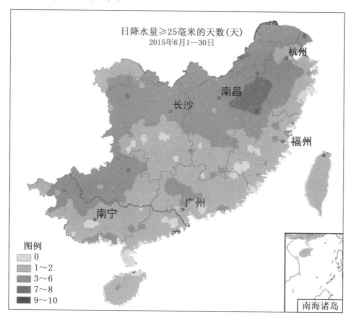

图 3.2.3　2015 年 6 月大雨及以上级别

5. 灌浆成熟期高温影响轻,江南部分地区多雨寡照不利早稻灌浆;后期晴好天气利于收晒

江南、华南7月气温接近常年同期或偏低1～4℃,大部日最高气温≥35℃的高温日数与常年同期相比偏少3～10天(图3.2.4),与去年同期相比偏少5～15天,高温对早稻灌浆乳熟的影响总体偏轻;大部日照接近常年同期或偏少,江南东部和南部阴雨日数有15～20天、降水偏多8成至2倍,影响早稻正常灌浆;第10号台风"莲花"和第9号台风"灿鸿"先后登陆广东和浙江,带来的狂风暴雨使沿海部分早稻倒伏受淹。7月下旬江南和华南大部以晴到多云天气为主,利于早稻成熟和收晒。

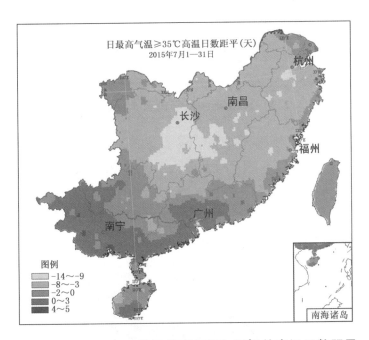

图3.2.4　2015年7月日最高气温≥35℃的高温日数距平

二、晚稻

2015年晚稻生育期内,南方大部稻区≥10℃积温接近常年同期,江南西北部和华南南部偏多50～150℃·d,江南东北部部分地区偏少50～100℃·d(图3.2.5)。大部稻区日照时数较常年同期偏少,其中江南大部、华南西部和北部部分地区偏少100～280小时(图3.2.6)。南方大部稻区降水量接近常年同期或偏多,其中江南东部和西南部、华南西部偏多3～8成(图3.2.7)。总体看来,2015年晚稻全生育期气象条件基本接近常年同期,但差于去年同期,尤其是光照条件偏差。

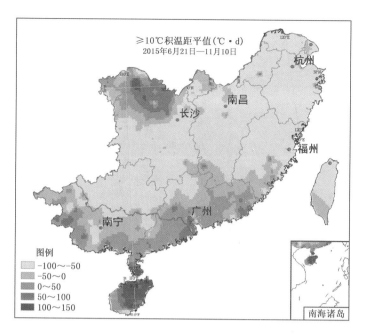

图 3.2.5　2015 年晚稻主产区≥10℃ 积温距平

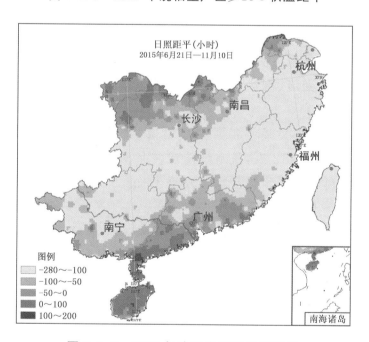

图 3.2.6　2015 年晚稻主产区日照距平

1.播种育秧阶段大部稻区光热适宜,利于晚稻播种出苗及秧苗生长;江南阶段性低温、寡照导致部分秧苗生长缓慢

晚稻播种育秧期间(江南为 6 月中旬至 7 月上旬,华南为 6 月下旬至 7 月中旬),江南大部气温、日照时数接近常年同期,华南大部光热较为充足,利于晚稻播种及秧苗生长。7 月上旬江南大部气温较常年同期偏低 2～6℃,阴雨日数达 5～

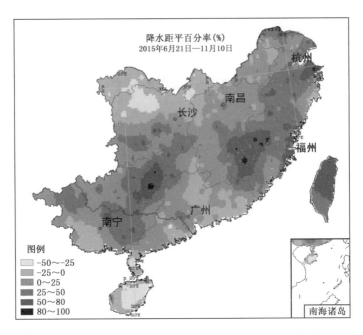

图 3.2.7　2015 年晚稻主产区降水距平百分率

10 天,日照偏少,低温、阴雨寡照导致部分晚稻秧苗生长缓慢。

2. 移栽至分蘖阶段稻区大部时段光温水适宜,利于晚稻移栽活棵和分蘖;台风造成闽浙等地晚稻受淹、倒伏

晚稻移栽至分蘖阶段(江南为 7 月中旬至 8 月中旬,华南为 7 月下旬至 9 月上旬),江南、华南大部气温接近常年同期略偏低,日最高气温≥35℃的高温日数较常年和去年同期偏少 3～12 天,降水量接近常年同期或偏多 3～8 成,光照基本正常,气象条件总体利于晚稻移栽活棵和分蘖生长。9 月上旬华南多阴雨天气,尤其西部阴雨日数达 7～10 天,日照偏少,对晚稻分蘖不利。受台风"灿鸿"、"苏迪罗"影响,浙江、福建等地出现强风暴雨,造成部分晚稻受淹、倒伏。

3. 孕穗至抽穗阶段寒露风、寡照、台风等影响晚稻抽穗扬花

晚稻孕穗至抽穗扬花阶段(江南为 8 月下旬至 9 月下旬,华南为 9 月中旬至 10 月上旬)。江南大部 8 月下旬至 9 月上旬光温条件较好,利于晚稻孕穗抽穗;9 月中下旬江南北部和东部雨日有 9～15 天,日照偏少,浙江、江西东部和福建北部的部分地区中旬出现 3～6 天寒露风天气,部分晚稻抽穗扬花受到一定影响。华南大部时段热量条件适宜,但日照偏少、降水偏多,对晚稻孕穗抽穗和开花授粉不利,尤其是 9 月下旬、10 月上旬台风"杜鹃"和"彩虹"带来的强降雨导致福建、广西、广东等地部分晚稻遭受"雨洗禾花"和暴雨洪涝灾害,广东西部部分地区晚稻绝收;10 月 9—16 日,华南中西部出现轻至中度寒露风天气,不利于晚稻授粉结实。

晚稻产区孕穗至抽穗阶段气候适宜度变化显示,9月中旬至10月上旬晚稻气候适宜度明显差于去年和常年同期(图3.2.8)。

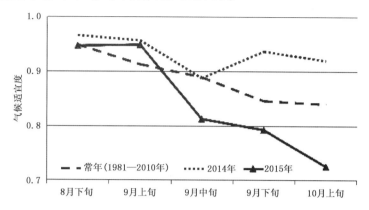

图3.2.8 江南、华南2015年8月下旬至10月上旬晚稻气候适宜度

4.灌浆至成熟阶段江南大部多晴少雨利于晚稻灌浆成熟;多雨寡照造成华南部分晚稻收获推迟

晚稻灌浆至成熟阶段(江南为10月,华南为10月中旬至11月中旬),江南大部时段多晴少雨,气温偏高1~2℃,日照时数接近常年同期或偏多,利于晚稻灌浆和成熟收获。华南10月中下旬多晴好天气,光温适宜,利于晚稻灌浆成熟。

11月上中旬,江南大部、华南西部和北部阴雨日数达10~19天,日照时数较常年同期偏少,江南南部、华南西北部大到暴雨日数有3~8天,多雨寡照、强降水天气不利于江南已收获晚稻晾晒贮存以及华南晚稻后期灌浆和成熟收晒,广西等地晚稻收获进度较常年同期偏慢。

三、一季稻

2015年一季稻生育期内(4月1日至9月30日),东北和西南产区热量充足,≥10℃积温接近常年同期或偏多100~200℃·d,江淮、江汉和江南东部接近常年同期或略偏少;产区大部降水量接近常年同期,辽宁西部偏少3~5成,江淮东部偏多5~8成(图3.2.9),汛期未发生流域性暴雨洪涝灾害;产区大部日照时数接近常年同期或略偏少。总体来看,2015年一季稻全生育期光温水匹配较好,气象条件略好于常年和去年同期。

1.春季气温偏高,热量充足,一季稻播种育秧顺利

东北地区一季稻播种育秧阶段主要在4月中旬至5月中旬。初春东北地区气温偏高,土壤解冻早、化冻快;虽然4月上半月多低温雨雪天气,但4月下半月水稻育秧期间气温明显回升,平均气温较常年同期偏高2~4℃,播种育秧质量较好。5月7—10日东北大部地区最低气温降至0℃以下,5月中旬黑龙江大部低温多雨,水稻育秧进度略有延缓;吉林大部、辽宁5月中旬气温基本接近常年同期,

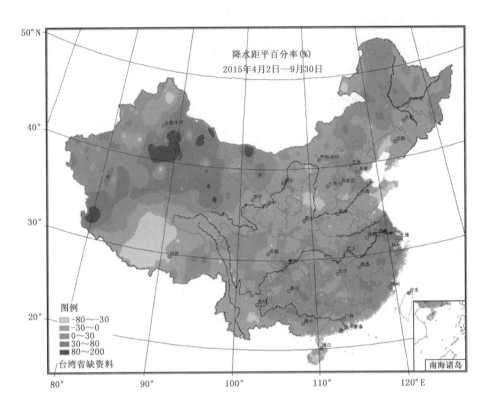

图 3.2.9   2015 年全国一季稻全生育期降水距平百分率

利于水稻幼苗生长。

江淮、江汉和江南东部一季稻播种育秧阶段为 4 月中旬至 5 月。4 月中旬至 5 月上半月,上述地区降水接近常年同期或偏少,基本能满足播种育秧用水需求;大部地区气温偏高 1～2℃,日照时数 200～300 小时,较好的光热条件利于一季稻播种出苗和培育壮秧。5 月后半月,江淮、江汉降水天气增多,14—15 日和 27—30 日安徽西南部、湖北南部等地出现 2～4 天大到暴雨天气,对育秧不利,但利于农田蓄水。

西南地区一季稻播种育秧阶段为 3 月中旬至 5 月上旬。西南地区春季升温快、回暖早、少波动,光温适宜,降水大部接近常年同期,利于一季稻播种出苗和秧苗健壮生长。

2. 移栽至分蘖期产区大部水分充足,光温适宜;江淮等地多雨寡照和云南干旱不利一季稻分蘖生长

东北地区大部一季稻移栽返青至分蘖阶段为 5 月下旬至 7 月中旬。期间,产区大部降水量偏少 2～5 成,但移栽用水基本满足;气温略偏高,光照充足,利于水稻返青生长和有效分蘖形成。其中,5 月下旬气温较前期回升明显(图 3.2.10),偏高 1～2℃,弥补了 5 月上旬的热量不足,利于稻田水温回升、秧苗生长和移栽。

但 6 月 5—13 日、6 月 29 日至 7 月 4 日出现明显低温时段(图 3.2.10),造成水稻有效分蘖不足。

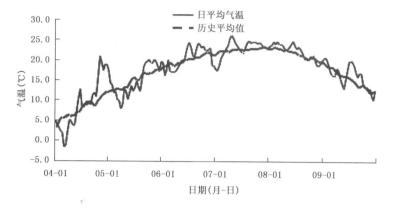

图 3.2.10　2015 年东北地区一季稻全生育期日平均气温变化
(注:标准日平均气温即为常年日平均气温)

江淮、江汉和江南东部一季稻移栽返青至分蘖阶段为 6 月至 7 月中旬。期间,产区大部降水偏多,但没有大范围、严重的洪涝灾害,水稻移栽用水充足;气温偏低 1～2℃,日照偏少 2～5 成,江淮、江汉中东部、江南东部阴雨日数有 22～32 天,日照时数比常年同期偏少 80～160 小时,多雨寡照天气导致部分一季稻生育期推迟,分蘖延缓、有效穗数不足。

西南地区大部一季稻移栽返青至分蘖期为 5 月中旬至 6 月。除云南外的产区大部气温正常或偏高 1～2℃,日照接近常年同期或偏少,降水接近常年同期或略偏多,光温水条件利于一季稻移栽、返青和分蘖生长,穗分化较好;但云南雨季开始期明显偏晚,中西部降水偏少 5～8 成,气温偏高 2～4℃,温高雨少导致云南中西部旱情发展,不利于水稻移栽返青和分蘖。

3. 孕穗抽穗阶段产区大部光温适宜;西南地区南部阶段性阴雨寡照、四川盆地北部温高雨少对孕穗抽穗略有影响

东北地区一季稻孕穗抽穗阶段为 7 月下旬至 8 月中旬。期间,东北地区日平均气温均高于常年值,光照比常年同期略偏多,充足的光热条件完全满足水稻孕穗、抽穗开花需求。

江淮、江汉和江南东部一季稻孕穗抽穗阶段为 7 月下旬至 8 月。期间,产区光温水条件较好,日最高温度≥35℃高温天气持续时间短,大多数只有 5～10 天,且高温强度较弱,明显低于常年;降水日数偏少,利于一季稻抽穗扬花。

西南地区一季稻孕穗抽穗阶段为 7 月至 8 月上旬。期间,产区大部光照条件接近常年同期,温度适宜,良好的光温条件利于一季稻孕穗、抽穗和提高结实率。四川盆地北部降水不足 100 毫米,比常年同期偏少 5～8 成,7 月下旬气温偏高 1～

4℃,温高缺水影响了水稻正常抽穗扬花,导致空秕率上升;贵州南部和云南大部多阴雨寡照天气,降雨日数有20~35天,日平均日照时数仅2~4小时,造成一季稻空秕粒增加,并导致部分地区稻穗瘟、稻曲病等发生蔓延。

4．灌浆成熟期产区大部多晴好天气,用水充足;四川盆地南部、贵州大部多雨寡照影响水稻灌浆速度和成熟

东北地区一季稻灌浆至成熟期为8月下旬至9月下旬。期间,大部地区气温接近常年,中北部地区初霜期较常年同期偏晚5~10天,光照充足,利于一季稻充分灌浆和安全成熟。9月下旬,黑龙江大部降雨日数达5~6天,使一季稻收晒存储短暂受阻,但总体影响不大。

江淮、江汉和江南东部一季稻灌浆至成熟期为9月上旬至10月上旬。产区大部晴雨相间,日照充足,利于一季稻灌浆、成熟;江汉中西部9月16—18日、江淮大部9月30日出现中到大雨,江汉东部和江淮西部10月4—6日出现小到中雨,对成熟收获略有影响。

西南地区一季稻灌浆至成熟期为8月中旬至9月下旬。期间,产区大部气温接近常年同期,光照接近常年同期或略偏少,降水量大部有100~400毫米,其中东部降水偏多3成至1倍,其余地区接近常年同期,气象条件利于一季稻灌浆成熟。但四川盆地南部、贵州大部等地降雨日数普遍有20~30天,日照偏少,多雨寡照天气较突出,导致部分一季稻灌浆速度减慢、成熟期推迟,收获进度缓慢。

第三节　冬小麦气候条件评价

2015年冬小麦全生育期内,主产区大部时段光热充足,降水量接近常年或偏多,关键生育阶段降水及时,土壤墒情适宜;干旱、干热风等农业气象灾害发生范围小、影响程度轻,气象条件总体利于冬小麦生长发育和产量形成。其中,秋播期麦区大部土壤蓄墒充足,冬小麦播种出苗顺利;播种至入冬前热量充足,利于冬小麦形成壮苗;冬初较强冷空气利于北方冬小麦抗寒锻炼,冬季北方冬麦区气温偏高、墒情适宜,利于冬小麦安全越冬,南方冬麦区光温水匹配较好利于冬小麦生长发育;春季冬麦区光热充足,降水及时,利于冬小麦产量形成;麦收期北方及西南地区以晴好或晴雨相间天气为主,麦收进展顺利,江淮、江汉因雨偏慢,全国麦收进度接近常年,略慢于2014年。

一、冬麦区气候条件评价

2015年我国冬小麦全生育期内,大部地区热量充足,≥0℃活动积温普遍较常年同期偏多50~100℃·d,其中西北东部、华北南部、黄淮北部、江汉南部、西南大部偏多100~200℃·d(图3.3.1左);麦区大部降水量接近常年同期或略偏多,其中河南、安徽、江苏、湖北东部、陕西南部等地偏多 2～5 成(图 3.3.1 右)。总体上,2015 年冬麦区大部光温水匹配较好,气象条件有利于冬小麦生长发育和产量形成。

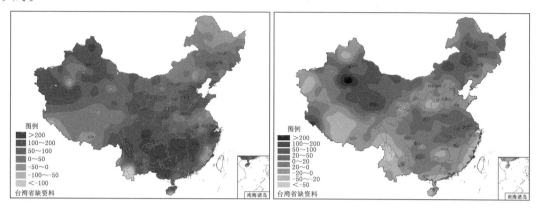

图 3.3.1　2014 年 10 月至 2015 年 6 月全国≥0℃积温距平(左,单位:℃•d)及
降水量距平百分率(右,单位:%)

1. 秋播期麦区大部墒情适宜,冬小麦播种出苗顺利;冬前热量充足,利于冬小麦形成壮苗

2014 年 8—9 月,北方冬麦区大部降水量为 100～400 毫米、部分地区 400～600 毫米(图 3.3.2 左),大部农田土壤蓄墒充足,底墒条件良好。麦播期间,北方冬麦区大部土壤墒情适宜,冬小麦播种进度快、出苗质量高。南方秋播期冬小麦产区大部气温偏高,墒情适宜,冬小麦播种出苗顺利。

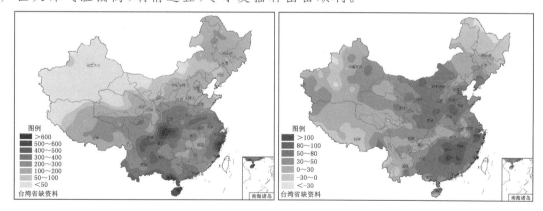

图 3.3.2　2014 年 8—9 月全国降水量(左,单位:mm)及 2014 年 10—11 月
≥0℃积温距平(右,单位:℃•d)分布

播种至入冬前,冬麦区大部≥0℃积温接近常年同期或偏多,其中西北东部、华北南部、黄淮北部、江淮东部偏多 50～80℃•d(图 3.3.2 右),大部土壤墒情适宜,利于冬小麦冬前生长和形成壮苗;11 月华北大部降水量偏少 3～8 成,其中河

北中部、山西东南部等地灌溉条件较差地区土壤墒情持续下降,冬小麦冬前分蘖生长受到一定不利影响。

2. 冬季,北方麦区气温偏高,墒情适宜,冬小麦安全越冬;南方麦区光温水匹配较好,利于冬小麦生长发育

受较强冷空气影响,12月上中旬北方冬麦区气温接近常年同期或偏低1~2℃,有利于冬小麦抗寒锻炼;12月下旬至2月,冷空气活动偏弱,气温正常或偏高1~2℃,利于冬小麦安全越冬。2014年12月至2015年1月中旬,北方冬麦区大部无明显降水,但前期充足的降水使得大部土壤墒情适宜,1月下旬和2月中下旬累计出现4次明显雨雪过程,华北中部、黄淮等地过程降水量有5~30毫米,土壤墒情得到明显改善,对冬小麦安全越冬和返青生长有利。总体来看,冬季北方冬麦区大部气温偏高(图3.3.3左),降水量偏少,土壤墒情较适宜(图3.3.3右),冬小麦安全越冬,仅河北西部和南部、河南西北部等地出现轻度缺墒。

南方麦区大部光热条件接近常年同期,土壤墒情适宜,尤其是西南地区麦田土壤墒情为近5年最好,利于冬小麦冬季分蘖生长、拔节孕穗和抽穗开花。仅1月上旬末至中旬后期、1月下旬中后期至2月初、2月中旬至月末,江淮西部、江汉南部、贵州东南部和云南中北部等地出现阶段性低温雨雪或霜冻天气,对冬小麦生长发育有一定影响。

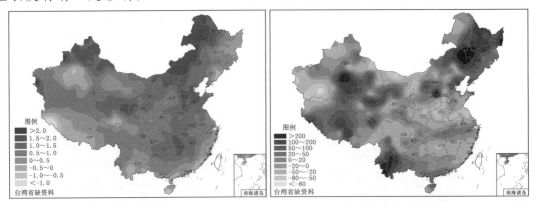

图 3.3.3 2014 年 12 月至 2015 年 2 月全国气温距平(左,单位:℃)及降水量距平百分率(右,单位:%)分布

3. 春季冬麦区光热充足,降水及时,利于冬小麦生长发育和产量形成

春季,北方冬麦区大部地区≥0℃积温较常年同期偏多,其中京津冀大部地区偏多50~100℃·d(图3.3.4左);主产区先后出现5次大范围明显降水过程,累计降水量有50~250毫米,较常年同期偏多2~5成,部分地区偏多5成以上(图3.3.4右),及时降水满足了冬小麦返青、拔节和灌浆等关键生长阶段的水分需求,增加了土壤水分,大部时段土壤墒情适宜,利于冬小麦籽粒形成和灌浆增重。4月上旬至中旬前期,华北西部、黄淮东部等地出现倒春寒天气,局部小麦茎节遭受轻度冻害;5月上旬,华北、黄淮麦区出现5～6天低温阴雨,对冬小麦抽穗扬花和授粉略有影响;5月25—28日,河北西北部和中部、山西南部等地部分麦区出现轻度、局部中度干热风天气,但发生程度较轻、时间短,对冬小麦灌浆影响不大。

春季南方麦区气温接近常年同期或偏高1～2℃,光照正常,大部墒情较为适宜,利于冬小麦拔节孕穗、抽穗开花及灌浆成熟。4月上旬、5月下旬江淮西部和江汉地区出现阶段性低温、阴雨天气,对冬小麦孕穗抽穗和灌浆成熟有一定影响。

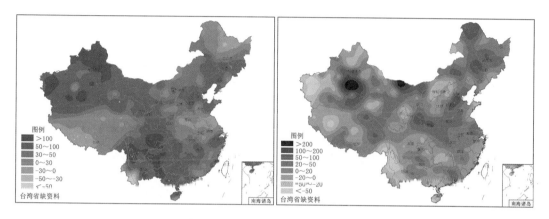

图 3.3.4 2015 年 3—5 月全国≥0℃积温距平(左,单位:℃·d)及
降水量距平百分率(右,单位:%)分布

4. 麦收期间以晴好天气为主,麦收进展顺利

麦收期间,全国麦收区大部以晴好天气为主,没有出现连阴雨,利于开展麦收机械化作业,各地集中抢收晾晒;西南地区麦收期晴雨相间,麦收进度未受影响;江汉5月28—29日、江淮6月1—2日出现强降水,造成部分麦田湿涝和冬小麦倒伏,麦收阶段性受阻。总体来看,全国麦收进展顺利,进度接近常年、略慢于进度偏快的2014年。

二、资料处理与评价方法

1. 评价区域的确定

选取冬小麦主产区的河北、山东、山西、陕西、河南、江苏、安徽、湖北、贵州、重庆、四川、云南12个省(市),根据冬小麦品种特性以及耕作措施将冬小麦分成不同区域。

2. 评价方法

根据冬小麦各生育期降水、气温、活动积温以及日照时数等要素及其与常年值比较分析,结合冬小麦不同生育期对光、温、水的要求,评价2015年冬麦区气候条件对冬小麦生长发育的影响。

第四节 玉米气候条件评价

2015年玉米生长季内，产区大部≥10℃积温接近常年同期或偏多，仅华北北部、黄淮南部和西南地区东部部分地区偏少50～100℃·d；降水量总体偏少且时空分布不均（图3.4.1），其中辽宁中西部、内蒙古中部、山东中东部、山西西南部、陕西中部等地降水偏少3～5成，辽宁、山西等地部分春玉米抽雄吐丝阶段遭受"卡脖旱"；产区大部日照时数接近常年同期或略偏少，其中黑龙江西部、西南地区东部、黄淮中西部等地偏少50～200小时；但生长关键期干旱和低温阴雨影响轻于去年。总体来看，玉米全生育期气象条件接近常年略好于去年。

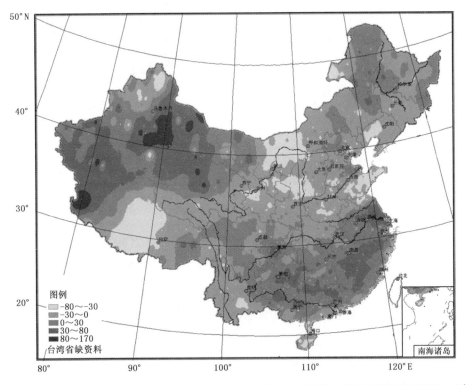

图3.4.1 2015年5月1日至9月20日玉米全生育期降水距平百分率（单位：%）

一、春玉米

春玉米主产区全生育期气候适宜度变化显示，出苗至抽雄吐丝期气候适宜度较常年偏差，灌浆至成熟期偏好（图3.4.2）。

1.春玉米播种出苗阶段气温波动明显，播种期推迟、高峰期持续时间长

北方春玉米于4月下旬开始播种，5月中旬播种结束。3月份北方春玉米区气温偏高，特别是下半月气温偏高2～6℃，积雪融化早、土壤解冻快；但4月上半月大部地区气温偏低1～4℃，降水偏多1～2倍，低温雨雪天气使部分地区土壤出

84

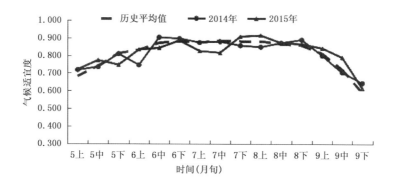

图 3.4.2 春玉米产区全生育期逐旬气候适宜度

现反复冻融,对玉米整地略有影响。4月下旬,北方春玉米区温高雨少,土壤墒情适宜,大田播种进入高峰期;5月上旬,春玉米区大部出现10~50毫米降水,大范围有效降水为春玉米苗期生长提供了良好的墒情条件,但5月7—10日东北大部地区最低气温降至0℃以下,对已播玉米出苗不利。5月中旬,黑龙江大部、吉林北部低温多雨,导致部分地区玉米出苗困难、幼苗生长缓慢。东北地区春玉米播种期与常年和去年同期相比,播种期推迟、高峰期持续时间长。

西南地区、江汉春玉米于3月中旬至4月中旬陆续播种。春玉米播种期间热量条件充足,气温偏高1~4℃,降水量有10~50毫米,农田土壤墒情较好,春玉米播种出苗顺利。

2. 幼苗生长阶段产区大部光温正常,幼苗长势较好;云南旱象露头,不利于玉米苗期生长

北方春玉米产区大部5月下旬至6月上旬气温偏高1~2℃,光照基本正常;东北地区大部有50~100毫米降水,水热条件对春玉米幼苗生长有利,长势总体较好。华北和西北地区东部降水略偏少,土壤浅层墒情下降较快,但底墒大部较好,利于春玉米根系下扎,对玉米蹲苗比较有利。

西南地区大部、江汉4月下旬至5月中旬气温接近常年同期略偏高,大部墒情适宜,光、温、水匹配较好,玉米幼苗生长健壮;但贵州中东部阴雨日数达16~24天,并出现3~6天大到暴雨,而云南西北部降水偏少,旱象露头,对玉米幼苗生长不利。

3. 拔节阶段北方春玉米区旱情显现,部分发育进程延迟;西南地区东南部阴雨寡照天气多,对玉米穗分化和根系发育不利

北方春玉米拔节阶段为6月中旬至7月上旬,产区大部气温接近常年同期,东北地区中南部、华北等地降水量不足50毫米,较常年同期偏少5~8成,辽宁南部、山西西南部等地旱情显现。而此时春玉米正处于营养生长与生殖生长并进阶段,需水量增加,拔节后期的干旱造成部分玉米幼穗分化不良、植株矮小,发育进程明显延迟。

西南地区和江汉5月下旬至6月上旬春玉米拔节。期间，大部墒情适宜，降水量基本能满足拔节需求；但西南地区东南部阴雨寡照天气较多，日照偏少20～60小时，土壤湿度常处于过饱和状态，对玉米光合生长、根系发育及穗分化有一定不利影响。云南高温少雨，中部及以西地区旱情发展，对玉米拔节不利。

4. 抽雄吐丝阶段玉米产区大部降水持续偏少，辽宁、吉林、陕西等地旱情较重，玉米产量受到影响

北方春玉米7月中旬陆续开始抽雄吐丝。6月20日至7月20日，辽宁、吉林两省累计水量仅有49.5毫米，比常年同期偏少65.6％，为1961年以来历史同期最少；吉林西部、辽宁中西部和南部等地出现轻度至中度、辽宁南部达到重度农业干旱，玉米抽雄吐丝、授粉受阻，结实率下降；期间，东北地区春玉米抽雄吐丝期气候适宜度较常年和去年同期明显偏差（图3.4.2）。7月下旬至8月，东北地区出现多次明显降水过程，旱情逐渐缓解。

西南地区大部和江汉春玉米产区6月中下旬为抽雄吐丝期，期间以晴雨相间天气为主，阴雨日数较常年同期偏少，对玉米开花授粉比较有利，玉米秃尖现象较常年偏轻。

5. 灌浆乳熟阶段光温适宜，玉米籽粒饱满；新疆持续高温对春玉米灌浆造成一定影响

北方春玉米8月中旬至9月上旬处于灌浆至成熟阶段。大部地区气温略偏高、降水偏少，热量充足，墒情适宜，利于玉米灌浆成熟。新疆春玉米8月上旬开始灌浆，出现持续日最高气温≥35℃的高温天气，北疆部分春玉米区日最高气温达40℃以上，高温持续日数明显多于去年和常年同期，其中北疆沿天山一带达10～15天，对春玉米灌浆造成一定影响。

西南地区和江汉产区7月上、中旬玉米灌浆期光热充足，无明显高温逼熟现象，利于充分灌浆，玉米籽粒饱满。

6. 北方玉米成熟收获阶段多晴好天气，气象条件好于去年和常年；西南地区阴雨多，收获期推迟

全国玉米成熟收获期气象条件好于去年和常年。北方地区玉米9月中旬至10月上旬普遍处于成熟收获期。期间，气温接近常年同期或偏高1～2℃，光照充足，利于秋收作物充分灌浆，东北地区中北部初霜期较常年偏晚5～10天，十分有利于玉米成熟收晒。

西南地区和江汉玉米7月下旬至8月中旬成熟收获。江汉多晴好天气，玉米收获顺利；但西南地区除东北部以外其余大部地区气温低、降雨多、日照偏少，其中西南地区西部降水量偏多3成以上，日照较常年同期偏少，平均逐日日照时数仅 3.1 小时,降雨日数有 11～20 天,持续阴雨天气导致玉米成熟期推迟,收获缓慢,部分地区出现籽实发芽、霉变现象。

二、夏玉米

夏玉米主产区全生育期气候适宜度变化显示,气候适宜度除播种幼苗期较常年偏差外,其他生育阶段均优于去年和常年(图 3.4.3)。

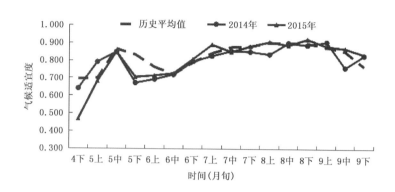

图 3.4.3　夏玉米主产区全生育期逐旬气候适宜度

1. 夏玉米播种期间墒情偏差,部分播种期略偏晚

华北、黄淮、西北地区东部夏玉米于 5 月下旬至 6 月中旬陆续播种。期间,气温接近常年同期或偏高 1～2℃,降水量偏少 3 成以上,华北大部、黄淮大部偏少 5 成至 1 倍,墒情普遍偏差,其中山西南部、河北中部、河南西北部、山东半岛北部等地部分地区出现旱情,对夏玉米播种出苗不利,部分无灌溉条件地区的玉米播种出苗比常年偏晚 3～7 天。

2. 夏玉米幼苗期光温水条件较好,发育进程加快;拔节阶段部分产区旱情显现

西北地区东部、黄淮、华北夏玉米区,6 月下旬至 7 月大部气温接近常年同期,光照略有不足,黄淮主产区土壤墒情适宜,夏玉米发育进程接近常年,个体植株也较为健壮。但甘肃东北部、陕西中北部、山西西南部等地部分地区降水持续偏少,出现旱情,对玉米拔节不利。

3. 夏玉米抽雄吐丝期多晴少雨,西北地区东南部、华北西部旱情明显

北方夏玉米 8 月上中旬陆续进入抽雄吐丝期,该生育期为玉米生长发育需水关键期。期间,产区大部气温接近常年同期或偏高,日照偏多,土壤墒情良好,多晴少雨利于夏玉米开花授粉,提高结实率,增加粒数。仅甘肃陇中、陕西北部、山西大部等地降水偏少 3～8 成,10～20 厘米土壤相对湿度在 60% 以下,土壤墒情偏差,旱情发展,对夏玉米后期生长不利。

4. 灌浆成熟期光照充足、墒情适宜,利于夏玉米产量形成

北方夏玉米 8 月下旬至 9 月处于灌浆至成熟阶段。大部地区气温略偏高,西北地区东部、华北出现多次明显降水天气过程,降水量一般有50～100毫米,部分地区有100～200毫米,大部土壤墒情明显改善,甘肃、陕西、山西等地前期旱情基本解除,利于玉米充分灌浆,籽粒饱满。

第五节 棉花气候条件评价

2015年棉花生育期内,全国棉区大部≥10℃积温较常年同期偏多,热量条件较好,大部时段土壤墒情较为适宜,气象条件利于棉花生长发育及吐絮采摘。黄河流域和长江流域棉区现蕾开花期高温影响轻于常年和去年,裂铃吐絮和采摘期多晴少雨。影响棉花产量和品质的气象灾害有:新疆春季大风沙尘、夏季高温和初秋早霜及多雨;黄河流域阶段性干旱;长江流域阴雨寡照和强降水等。2015年棉花生育期内,全国棉区光、温、水条件总体优于2014年。

一、棉区气候条件评价

我国棉花生产一般为4月播种,10月收获。2015年4—10月,新疆棉区及山东东部等地≥10℃活动积温比常年同期偏高,其中新疆部分地区偏高100～200℃·d,长江流域棉区(江苏、安徽、湖北、湖南)大部地区及河北、河南≥10℃活动积温接近常年同期或略偏低(图3.5.1左)。4—10月,黄河流域棉区降水接近常年同期,长江流域棉区和新疆流域棉区降水比常年同期偏多(图3.5.1右)。总体来看,2015年我国棉区光照、气温和降水条件较好。

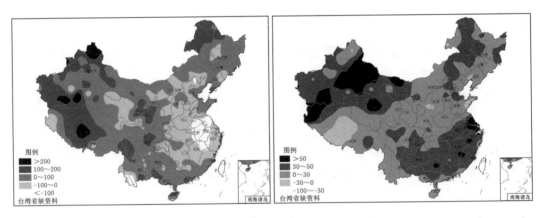

图3.5.1 2015年4月1日至10月31日全国≥10℃活动积温距平(左,单位:℃·d)与降水距平百分率(右,单位:%)分布

二、各发育阶段气候条件及其影响评述

1.播种出苗期

各地棉花播种出苗期主要集中在4月份。新疆棉区及河北、江苏南部、安徽

南部、湖南气温偏高,其中新疆北部偏高 1～4℃,但山东西部、河南、江苏北部、安徽北部和湖北气温略偏低。日照时数接近常年同期,大部时段土壤墒情适宜,良好的水热条件和较适宜的光照对棉花播种出苗及幼苗生长较为有利。但 4 月下旬新疆大部出现大风、沙尘暴天气,造成部分已播棉田地膜被揭、棉苗被毁。

表 3.5.1 显示了各省(区)棉花播种出苗期的光、温、水函数的评价结果,其中黄河流域、长江流域和新疆温度条件较好,$F(T)$ 一般在 0.8 以上;大部地区 $F(Q)$ 在 0.8 左右,光照一般;黄河流域、长江流域大部地区 $F(P)$ 在 0.79～0.86 之间,说明大部地区土壤墒情较好。

表 3.5.1　各棉区棉花播种出苗期的温、光、水影响函数

棉区	新疆	黄河流域			长江流域			
省份	新	冀	鲁	豫	苏	皖	鄂	湘
$F(T)$	0.91	0.82	0.78	0.79	0.85	0.86	0.82	0.90
$F(Q)$	0.86	0.80	0.79	0.77	0.81	0.80	0.79	0.80
$F(P)$	—	0.83	0.85	0.86	0.84	0.86	0.88	0.79

2. 苗期(出苗—现蕾期)

各地棉花苗期主要集中在 5 月。全国大部棉区气温较常年同期偏高,其中新疆大部棉区气温偏高 1～4℃;大部时段土壤墒情适宜,尤其是黄河流域棉区 4 月底至 5 月出现了 3 次较明显的降水过程,总降水量达 50～100 毫米,有效改善了棉田土壤墒情;气象条件对棉花播种出苗及幼苗生长较为有利。但长江流域棉区大部 5 月雨日有 15～25 天,日照偏少,持续阴雨寡照天气对棉花出苗和幼苗生长不利;江西大部、湖南南部和东北部等地大到暴雨日数有 3～8 天,导致部分棉苗遭受暴雨洪涝灾害,影响棉花幼苗生长。

表 3.5.2 显示,黄河流域、长江流域及新疆热量条件充足,$F(T)$ 基本在 0.8 以上。但长江流域棉区日照普遍偏差,$F(Q)$ 一般在 0.8 以下。黄河流域和长江流域水分条件不错,$F(P)$ 一般在 0.8 以上。

表 3.5.2　各棉区棉花苗期的温、光、水影响函数

棉区	新疆	黄河流域			长江流域			
省份	新	冀	鲁	豫	苏	皖	鄂	湘
$F(T)$	0.79	0.81	0.83	0.85	0.86	0.86	0.86	0.88
$F(Q)$	0.83	0.82	0.80	0.79	0.78	0.77	0.75	0.74
$F(P)$	—	0.82	0.84	0.85	0.84	0.85	0.82	0.87

3. 现蕾开花期

各地棉花现蕾开花期基本在 6 月。新疆大部棉区及河南、安徽、湖北气温偏

低,降水偏多,日照偏少,特别是6月上中旬东疆棉区、6月下旬南疆部分棉区降水偏多、日照偏少,不利于棉花现蕾生长。河北、山东、江苏和湖南棉区气温接近常年同期或偏高,但6月上中旬华北大部、黄淮东部棉区降水量较常年同期偏少,墒情下降较快,河北、山东等地部分棉区出现干旱,对棉花现蕾开花不利。

表3.5.3显示新疆棉区、黄河流域和长江流域热量条件一般,日照条件一般,水分条件河北、山东较差,其他地区一般。

表3.5.3　各棉区棉花花蕾期的温、光、水影响函数

棉区	新疆	黄河流域			长江流域			
省份	新	冀	鲁	豫	苏	皖	鄂	湘
$F(T)$	0.77	0.80	0.82	0.80	0.83	0.82	0.81	0.90
$F(Q)$	0.82	0.80	0.81	0.78	0.81	0.79	0.78	0.80
$F(P)$	—	0.78	0.79	0.80	0.84	0.85	0.84	0.81

4. 花铃期

各地棉花花铃期一般在7—8月份。

新疆棉区7—8月气温较常年同期偏高,大部时段光照适宜,利于棉花现蕾开花。但7月至8月上旬,新疆南部日最高气温≥35℃的日数有20～30天,对棉花开花授粉、结铃有一定不利影响。

黄河流域棉区7—8月气温接近常年同期,河北南部、河南西部和南部高温日数较常年同期偏少,日照时数接近常年同期略偏少,光温条件总体利于棉花现蕾、开花结铃。棉区大部降水偏少,尤其是6月上中旬和7月上半月华北大部、黄淮东部棉区降水量较常年同期偏少3成以上,墒情下降较快,河北中部、山东半岛北部、陕西中部、山西西南部部分棉区出现阶段性干旱,对棉花现蕾和开花结铃不利;7月15—22日华北大部、黄淮西部出现20～100毫米降水,利于棉田土壤墒情及时改善,上述大部地区阶段性旱情得到有效缓解,对棉花生长发育十分有利。

长江流域棉区7—8月日照偏少,降水日数偏多,且出现大到暴雨天气,部分棉区遭受暴雨洪涝灾害,多雨、寡照天气导致棉花蕾铃生长不足,大铃少,烂铃多,部分蕾铃脱落。8月上中旬长江流域棉区气温接近常年同期,光照适宜,高温日数较常年同期偏少,气象条件总体利于棉花开花结铃。

各棉区棉花花铃期的光、温、水影响函数(表3.5.4)显示,新疆棉区气温和光照基本适宜;黄河流域降水条件较差,长江流域日照条件较差。

表 3.5.4　各棉区棉花花铃期的温、光、水影响函数

棉区	新疆	黄河流域			长江流域			
省份	新	冀	鲁	豫	苏	皖	鄂	湘
$F(T)$	0.88	0.85	0.84	0.87	0.82	0.81	0.79	0.82
$F(Q)$	0.89	0.80	0.83	0.86	0.75	0.77	0.74	0.76
$F(P)$	—	0.78	0.79	0.76	0.88	0.85	0.84	0.82

5. 吐絮期

棉花吐絮期主要在 9—10 月份。

新疆棉区大部 9 月气温偏低 1～4℃,尤其北部部分棉区气温偏低 2～4℃,初霜期偏早,棉花提早 8～17 天停止生长,且棉区大部上半月降水偏多,不利于棉花裂铃吐絮、采摘及品质提高;其余大部时段气温正常或偏高,降水偏少,光照适宜,利于棉花裂铃吐絮和采摘晾晒。

黄河流域和长江流域棉区大部 9—10 月气温偏高,光照适宜,利于棉花裂铃吐絮和采摘晾晒,仅 9 月下旬降水偏多、日照偏少,不利棉花采摘。

各棉区棉花吐絮期的光、温、水影响函数(表 3.5.5)反映这一时段各棉区的气温、水分和日照条件尚可。

表 3.5.5　各棉区棉花吐絮期的温、光、水影响函数

棉区	新疆	黄河流域			长江流域			
省份	新	冀	鲁	豫	苏	皖	鄂	湘
$F(T)$	0.79	0.83	0.84	0.85	0.86	0.85	0.84	0.89
$F(Q)$	0.81	0.80	0.79	0.81	0.82	0.79	0.82	0.79
$F(P)$	—	0.83	0.85	0.88	0.83	0.82	0.89	0.85

三、气候对棉花影响评价方法与标准

1. 评价区域的确定

通过分析我国三大棉区棉花生长季内气候特征,评价该年度气候条件对棉花生长发育的影响。研究区域分别是新疆棉区、黄河流域棉区(河北、河南、山东)、长江流域棉区(江苏、安徽、湖北、湖南)。

2. 评价方法

采用温度影响函数 $F(T)$、辐射影响函数 $F(Q)$ 及水分影响函数 $F(P)$ 作为棉花各生育期温、光、水条件的评价指标。新疆棉区棉花耗水大部分来源于灌溉,故不作该棉区棉花生长季的水分评价。具体评价方法见《2009 年全国气候影响评价》。

第四章　气候对环境影响评价

第一节　气候对水资源的影响

2015年中国水资源总量状况属于比较丰富等级。福建、湖南、安徽、新疆属于比较丰富年份,江苏、浙江、广西、上海、江西、贵州属于异常丰富年份;青海、甘肃、西藏、辽宁属于较为欠缺年份,海南属于异常欠缺年份;其余16个省(区、市)均属正常年份。2015年,中国多出现区域性和阶段性干旱,其中仅华北西部及辽宁夏秋干旱影响较重,水资源受到一定程度影响。中国75个大1型水库(个别为大2型)上游流域年降水量有51%的水库较常年偏多。

一、年降水资源评估

1. 全国年降水资源状况

2015年全国降水资源量61183.1亿立方米,比常年偏多1546.0亿立方米,比去年偏多2135.0亿立方米(图4.1.1)。根据中国年降水资源丰枯评定指标,2015年中国年降水资源量属于正常年份。

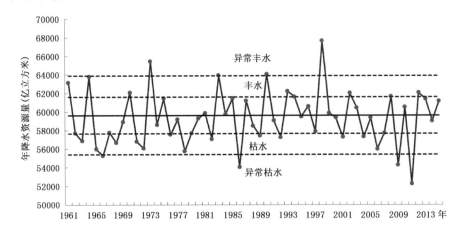

图 4.1.1　1961—2015 年全国年降水资源变化曲线(平均值为 1981—2010 年)

2. 各省(区、市)年降水资源

2015年全国年降水量分布不均。由表4.1.1可见,江西位居全国第一,年降水量有2074.6毫米,其次为广西(1929.8毫米)和福建(1877.5毫米)。新疆的年降水量为全国最少,仅有193.5毫米,宁夏和内蒙古分别为286毫米和316.8毫米。

与 2014 年相比，海南年降水量减少最大为 620.3 毫米；江西、上海年降水量增加量大，增幅分别为 395.9 毫米和 387.4 毫米。

表 4.1.1　2015 年各省(区、市)年降水资源量、平均年降水量与去年对比

省(区、市)	年降水资源量 (亿立方米)	与2014年相比 (亿立方米)	平均年降水量 (毫米)	与2014年相比 (毫米)
北　京	100.5	29.8	598.0	177.6
天　津	63.5	17.1	561.6	151.7
河　北	938.7	223.6	500.1	119.1
山　西	705.5	−145.8	451.4	−93.3
内蒙古	3670.1	−216.6	316.8	−18.7
辽　宁	764.6	162.8	525.5	111.9
吉　林	1087.7	106.6	580.4	56.9
黑龙江	2469.2	−97.3	542.8	−21.4
上　海	107.2	24.4	1701.8	387.4
江　苏	1362.8	226.5	1334.8	221.8
浙　江	1930.9	263.0	1872.8	255.1
安　徽	1955.4	122.2	1401.7	87.6
福　建	2326.2	295.6	1877.5	238.6
江　西	3443.8	657.2	2074.6	395.9
山　东	904.3	136.6	589.9	89.1
河　南	1141.0	−16.2	691.1	−9.8
湖　北	2345.1	151.9	1261.5	81.7
湖　南	3337.1	262.0	1575.6	123.7
广　东	3144.2	227.9	1779.4	129.0
广　西	4567.8	720.0	1929.8	304.2
海　南	451.1	−210.9	1326.8	−620.3
四　川	4542.9	−294.2	935.9	−60.6
重　庆	998.0	−96.4	1211.2	−117.0
贵　州	2369.0	−71.4	1344.5	−40.5
云　南	4236.2	390.6	1074.9	99.1
西　藏	4276.9	−449.7	355.7	−37.4
陕　西	1255.2	−164.1	611.1	−79.9
甘　肃	1428.9	−224.5	358.3	−56.3
青　海	2297.5	−572.4	317.9	−79.2
宁　夏	148.1	−26.4	286.0	−51.0
新　疆	3186.8	790.5	193.5	48.0

根据各省(区、市)年降水资源丰枯的等级指标(表 4.1.2)，得到 2015 年各地年降水资源的丰枯状况(图 4.1.2)。2015 年全国年降水资源量属正常年份，福

建、湖南、安徽、新疆属于丰水年份，江苏、浙江、广西、上海、江西、贵州属于异常丰水年份；青海、甘肃、西藏、辽宁属于枯水年份，海南属于异常枯水年份；其余 16 个省(区、市)均属正常年份。

表 4.1.2　各省(区、市)年降水资源丰枯评定指标*（单位：亿立方米）

	指标 1	指标 2	指标 3	指标 4
北　京	118.1	104.0	79.4	65.3
天　津	80.1	69.6	51.3	40.8
河　北	1182.1	1054.8	832.1	704.8
山　西	901.5	816.6	667.9	583.0
内蒙古	4483.4	4059.6	3318	2894.3
辽　宁	1196.4	1058.7	817.8	680.1
吉　林	1402.4	1273.6	1048.1	919.3
黑龙江	2876.5	2616.9	2162.6	1903
上　海	93.4	83.2	65.3	55.0
江　苏	1273.4	1148.4	929.7	804.7
浙　江	1805.7	1662.9	1412.9	1270.0
安　徽	2064.2	1867.9	1524.4	1328.1
福　建	2469.9	2242.0	1843.2	1615.3
江　西	3346.6	3045.3	2518.1	2216.8
山　东	1289.9	1127.3	842.8	680.3
河　南	1559.7	1384.1	1076.8	901.2
湖　北	2700.7	2454.3	2023.0	1776.5
湖　南	3490.0	3221.7	2752.2	2484.0
广　东	3820.3	3466.4	2847.2	2493.3
广　西	4378.9	3985.5	3297.1	2903.7
海　南	736.7	667.0	544.9	475.2
四　川	5182.3	4892.8	4386.1	4096.5
重　庆	1093.4	1005.8	852.5	764.9
贵　州	2362.1	2210.6	1945.5	1794.0
云　南	4894.6	4581.5	4033.5	3720.4
西　藏	6663.1	6012.8	4874.7	4224.3
陕　西	1622.2	1451.2	1152.1	981.1
甘　肃	1916.5	1748.9	1455.6	1287.9
青　海	3096.8	2876.1	2489.7	2268.9
宁　夏	180.3	160.3	125.3	105.3
新　疆	3409.4	3042.7	2401.0	2034.3

* 全国 2000 多个站；年降水资源量（R）丰枯等级划分标准为：R＞指标 1 为异常丰水；指标 1≥R≥指标 2 为丰水；指标 2＞R＞指标 3 为正常；指标 3≥R≥指标 4 为枯水；指标 4＞R 为异常枯水。

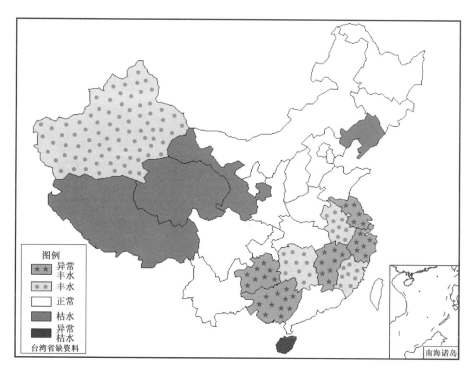

图 4.1.2　2015 年全国年降水资源丰枯评估等级分布图

二、年水资源总量评估结果分析

经统计,2015 年全国年水资源总量 29964 亿立方米。评估结果如下:全国年水资源总量属于比较丰富年份。福建、湖南、安徽、新疆属于比较丰富年份,江苏、浙江、广西、上海、江西、贵州属于异常丰富年份;青海、甘肃、西藏、辽宁属于较为欠缺年份,海南属于异常欠缺年份;其余 16 个省(区、市)均属正常年份(表 4.1.3)。

表 4.1.3　2015 年全国及各省(区、市)水资源总量评估结果和采用的指标及参数[*]

(单位:亿立方米)

	年水资源总量	评估结果	指标 1	指标 2	指标 3	指标 4	a	b
北　京	30.7	正常	38.9	32.3	20.8	14.3	−16.19	0.47
天　津	14.1	正常	21.6	16.8	8.6	3.8	−14.56	0.45
河　北	160.2	正常	234.8	195.8	127.5	88.5	−127.42	0.31
山　西	89.7	正常	118.3	105.9	84.2	71.9	−13.10	0.15
内蒙古	500.1	正常	714.3	602.7	407.4	295.8	−466.23	0.26
辽　宁	185.9	比较欠缺	502.0	401.2	224.8	124.0	−373.81	0.73
吉　林	355.8	正常	550.5	470.8	331.3	251.7	−316.95	0.62
黑龙江	834.6	正常	1061.6	916.9	663.6	518.9	−541.69	0.56
上　海	68.1	异常丰富	54.3	44.1	26.3	16.1	−38.73	1.00

	年水资源总量	评估结果	指标 1	指标 2	指标 3	指标 4	a	b
江 苏	667.2	异常丰富	588.1	477.6	284.1	173.6	−538.26	0.88
浙 江	1407	异常丰富	1274.2	1122.6	857.3	705.6	−642.37	1.06
安 徽	990.9	比较丰富	1087.1	913.4	609.4	435.6	−739.79	0.89
福 建	1423.1	比较丰富	1539.9	1354.8	1030.8	845.7	−466.53	0.81
江 西	2172.5	异常丰富	2087.2	1822.6	1359.6	1095.0	−851.90	0.88
山 东	229.7	正常	430.1	345.6	197.8	113.3	−240.15	0.52
河 南	340.5	正常	583.7	481.7	303.2	201.2	−322.35	0.58
湖 北	1114.4	正常	1394.5	1200.3	860.6	666.4	−733.08	0.79
湖 南	2051.1	比较丰富	2159.1	1969.8	1638.4	1449.1	−303.90	0.71
广 东	1829.8	正常	2320.9	2063.8	1613.9	1356.9	−454.50	0.73
广 西	2563.3	异常丰富	2433.2	2161.8	1686.8	1415.4	−588.01	0.69
海 南	190.4	异常欠缺	456.6	391.6	277.9	212.9	−230.25	0.93
四 川	2464.3	正常	2962.6	2737.0	2342.2	2116.5	−1075.50	0.78
重 庆	601	正常	682.7	607.6	476.4	401.3	−253.82	0.86
贵 州	1226.4	异常丰富	1221.8	1120.6	943.5	842.3	−356.11	0.67
云 南	2109.4	正常	2568.1	2350.1	1968.5	1750.5	−839.80	0.70
西 藏	4290.8	比较欠缺	4591.4	4509.5	4366.2	4284.3	3752.38	0.13
陕 西	344.9	正常	516.7	436.7	296.7	216.7	−242.38	0.47
甘 肃	191.3	比较欠缺	243.6	225.6	194.2	176.2	38.12	0.11
青 海	531.8	比较欠缺	759.6	696.7	586.5	523.6	−123.16	0.29
宁 夏	10.8	正常	13.3	11.7	9.1	7.6	−0.45	0.08
新 疆	974.2	比较丰富	1001.8	956.5	877.1	831.7	580.00	0.12
全 国	29964	比较丰富	30334.2	28934.3	26484.4	25084.5		

　＊ 中国 2000 多个站;年水资源总量(W)丰枯等级划分标准为:W＞指标 1 为异常丰富;指标 1≥W≥指标 2 为比较丰富;指标 2＞W＞指标 3 为正常;指标 3≥W≥指标 4 为较为欠缺;指标 4＞W 为异常欠缺。a、b 为参数,无单位。

三、十大流域水资源评估

　　2015 年地表水资源量,十大流域中有 3 个流域(辽河、黄河和西南诸河)较常年同期(1981—2010 年)偏少;7 个流域(松花江、海河、淮河、长江、珠江、东南诸河和西北内陆河)较常年同期偏多(图 4.1.3)。

　　东南诸河流域地表水资源量约为 2051 亿立方米,较常年偏多 24.2%,偏多幅度在十大流域中最多;西北内陆河流域为 313 亿立方米,偏多 11.7%;长江流域为 11311 亿立方米,偏多 10.7%;珠江流域约为 5011 亿立方米,偏多 8.8%;海河流域为 117 亿立方米,偏多 2.9%;松花江流域 1022 亿立方米,偏多 1.6%;淮河流域 804 亿立方米,偏多 0.8%。辽河流域地表水资源量约为 355 亿立方米,较常年偏

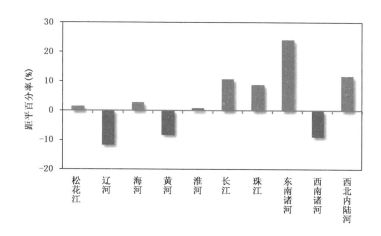

图 4.1.3 2015 年十大流域地表水资源量丰枯状况

少 11.6％；西南诸河 4631 亿立方米，偏少 8.8％；黄河流域 417 亿立方米，偏少 8.2％。

四、主要事件分析

1. 海南春末夏初遭受严重干旱，部分地区水资源受影响

2015 年，海南由于降水偏少、气温偏高，气象干旱反复出现并发展，维持时间长，影响范围大，局部地区异常严重。其中 5 月至 6 月中旬，由于降水异常偏少，导致河塘干裂，水库蓄水明显减少，44 条河道出现断流，119 座水库干枯，农村临时人畜饮水困难分别达 13.3 万人、1.6 万头。三亚全市水库蓄水量 16551 万立方米，占正常库容的 28.4％，有效蓄水量 10033 万立方米，相比去年同期减少 6437 万立方米，全市 54 个小型水库干涸，可供农业用水量仅为 4945 万立方米，各区 4.87 万人饮水受影响，部分城区出现了"用水荒"，6 月 5 日三亚市正式启动城市供水三级应急响应。

此外，云南中西部出现春夏连旱。5—7 月，云南省平均降水量 362.8 毫米，较常年同期偏少 28.5％，为 1951 年以来历史同期最少，其中云南中西部降水量较常年同期偏少 2~5 成。长时间少雨导致 88 条河道断流，53 座水库干涸，云南西部部分地区水源干涸，人畜饮水出现困难。

2. 华北、西北东部及辽宁等地遭受夏秋旱，部分地区水资源受到一定影响

2015 年 6 月下旬至 9 月下旬，华北西部、西北东部及辽宁中西部等地降水量普遍不足 200 毫米，较常年同期偏少 2~5 成，其中辽宁中部偏少 5~8 成。6 月 20 日至 7 月 20 日，辽宁省平均降水量仅 30.7 毫米，比常年同期偏少 78.7％，为 1961 年以来最少；7—8 月，华北、西北东部、黄淮等地高温少雨，出现中度到重度气象干旱、局地特旱，湖泊、水库蓄水不足。山东省干旱导致烟台 300 余个小型水库干涸，186 条河道断流，7 月中旬初，山东潍坊的牟山、吴家楼、马宋 3 座大中型水库

干涸,白浪河水库也到了死库容以下,日照水库近20年首次出现干旱。北京8月15日密云水库水体面积较2001年以来同期平均值偏小11%。河北截至8月21日大、中型水库总蓄水量18.2亿立方米,比去年同期少蓄水5.5亿立方米,比常年同期少蓄水5.8亿立方米,其中18座大型水库蓄水15.0亿立方米,比去年同期少蓄水5.3亿立方米,比常年同期少蓄水5.2亿立方米;8月28日08时,潘家口水库蓄水量9.5亿立方米,比去年同期少5.7亿立方米。

3. 大1型水库(10亿立方米)上游流域降水量总体偏少

通过对75个大1型水库[个别为大2型(1~10亿立方米)]上游流域年降水量的统计分析表明,全国有51%的水库上游流域平均年降水量较常年偏多,安徽、福建、广西、贵州、湖南、江西、内蒙古、浙江的全部及广东、河北、黑龙江、湖北、陕西、重庆等省(市)部分水库较常年偏多,对水库蓄水有利;其余49%的水库上游流域平均年降水量较常年偏少,包括甘肃、河南、江苏、辽宁、青海、山东、山西、西藏、新疆、云南的全部水库及广东、黑龙江、湖北、吉林的部分水库(图4.1.4)。

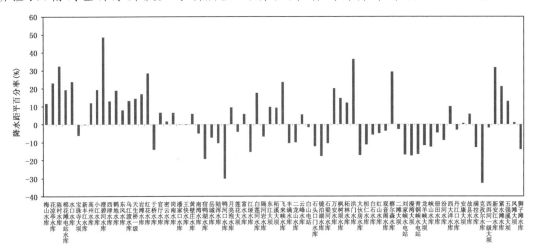

图4.1.4　2015年75座大1型水库年降水量距平百分率

五、气候对水源影响评价方法与标准

1. 年降水资源评估方法

(1)各省(区、市)年降水资源计算方法

$$R_i = S_i \times \frac{1}{ns} \sum_{s=1}^{ns} R_s,\ s = 1,2,3,\cdots,ns \tag{4.1.1}$$

式中,R_i为省(区、市)年降水资源量,R_s为单站年降水量,ns为各省(区、市)内的气象站数,S_i为各省(区、市)面积。

(2)全国年降水资源计算方法

$$R = \sum_{i=1}^{31} S_i \times \sum_{i=1}^{31} P_i R_i, P_i = S_i \bigg/ \sum_{i=1}^{31} S_i \qquad (4.1.2)$$

式中，P_i 为各省（区、市）的面积加权系数。R 为全国年降水资源。$i = 1,2,3,\cdots,31$ 为全国 31 个省（区、市）。

（3）年降水资源评估方法。全国及各省（区、市）的年降水资源基本服从正态分布，按照年降水资源量偏离各自多年平均值的程度，将全国及各省（区、市）的年降水资源划分为 5 个等级（表 4.1.4），表示降水资源的丰枯状况。

表 4.1.4　年降水资源丰枯评估标准

年　型	判　别　式
异常丰水年	$RS > \overline{R} + 1.5\sigma$
丰水年	$\overline{R} + 1.5\sigma \geqslant RS \geqslant \overline{R} + 0.7\sigma$
正常年	$\overline{R} + 0.7\sigma > RS > \overline{R} - 0.7\sigma$
枯水年	$\overline{R} - 0.7\sigma \geqslant RS \geqslant \overline{R} - 1.5\sigma$
异常枯水年	$\overline{R} - 1.5\sigma > RS$

其中，RS、$\overline{R}$、σ 分别为全国或各省（区、市）的年降水资源、1981—2010 年多年平均值和均方差。

2. 全国年水资源总量评估方法

（1）水资源总量估算方法。区域水资源总量是指评价区域内地表水和地下水的总补给量。

由于实际统计水资源总量时，涉及项目广，需要详细的大量调查资料，计算复杂，对气候评价业务来讲难度大。考虑到水资源总量与年降水资源量关系密切，采用统计方法，解决水资源总量的计算问题，进而实现水资源总量丰枯评估。

水资源总量线性估算方程表示如下：

$$W_{\text{水资源总量}} = a_i \times W_{\text{年降水资源总量}} + b_i \qquad (4.1.3)$$

式中，a_i、b_i 为各省（区、市）的参数。该方法计算精度受建模资料序列长度和值域的影响较大。

全国年水资源总量为各省（区、市）年水资源总量的总和。

（2）水资源总量评估指标。评估指标确定同年降水资源评估方法类似，表 4.1.4 中的 RS、$\overline{R}$、σ 值分别代表全国或各省（区、市）的水资源总量及其 1981—2010 年的平均值和均方差。

（3）十大流域年地表水资源评估。十大流域年地表水资源评估根据各流域的降雨—径流关系，建立年降水量和年径流深之间的统计模型，用于十大流域的年地表水资源评估工作。具体计算过程为，依据径流系数的概念，首先根据算术平均法计算全国十大流域年降水量,通过文献查阅获取十大流域径流系数,利用十大流域年降水量乘以径流系数,可得流域的年径流深,并进一步结合流域面积,可计算得到流域年地表水资源量。

第二节　气候对生态环境的影响

2015 年 5—9 月,全国平均气温 19.4℃,较同期 2001—2010 年多年平均偏低 0.1℃。西藏中部、云南大部、广西西部和东南部、广东西南部、海南大部等气温偏高 0.5~1℃,其中云南局部偏高 1~2℃;江南中北部、江淮、江汉东部和西南部、黄淮东南部、华北北部及内蒙古中东部和西北部、甘肃西北部、重庆大部等偏低 0.5~1℃,其中江西、安徽和江苏三省的局部地区、浙江中北部等地偏低 1~2℃;全国其余大部分地区气温接近常年同期。全国平均降水量 474.1 毫米,较 2001—2010 年同期偏多 4.2%。吉林东南部、辽宁大部、内蒙古中部偏西地区、西藏中部、云南中西部、广东西南部、海南大部及华北南部、黄淮大部、西北地区东北部等地偏少 2~5 成,西藏中部部分地区偏少 5 成以上;江淮大部、江南中东部大部及广西北部、贵州中南部、重庆西南部、西藏西北部、新疆大部、青海西北部、甘肃西部、内蒙古西北部和东北部等地偏多 2~5 成,其中新疆东部、西藏西部部分地区偏多 5 成至 1 倍;全国其余大部地区降水量接近常年同期(图 4.2.1)。

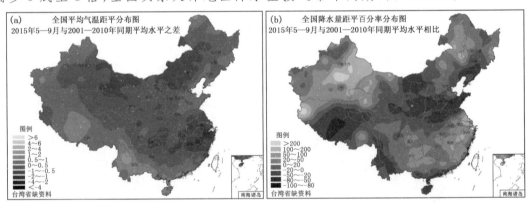

**图 4.2.1　2015 年植被生长季(5—9 月)全国平均气温距平(a)(单位:℃)
与全国降水量距平百分率(b)(单位:%)分布图**

MODIS 卫星监测表明:2015 年 5—9 月,秦岭及淮河以南大部地区、东北大部、华北大部、黄淮大部、西北东南部及内蒙古东北部植被覆盖较好或好;西北大部、青藏高原中西部及内蒙古中西部等地植被覆盖较差。与同期 2001—2010 年多年平均水平相比,辽宁中部偏西地区、内蒙古中部局部、天津、河北中南部、山东中东部、江苏大部、安徽中北部、浙江东北部、湖北中南部、湖南北部部分地区、云南中北部、西藏中部及青海东南部等地植被长势偏差;江南大部、华南大部、西南东部的大部、东北地区西部及内蒙古东北部、河北北部、山西中南部、陕西大部、宁夏南部、甘肃东部、河南大部、湖北大部、安徽南部植被长势偏好;全国其余大部地区植被长势与同期2001—2010年多年平均水平相当(图4.2.2)。

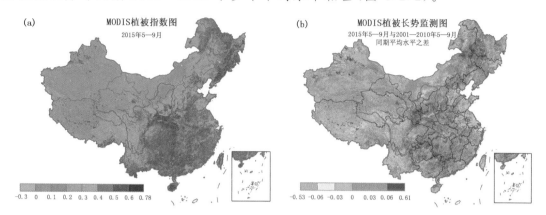

图 4.2.2 2015 年植被生长季(5—9 月)全国植被指数(a)与植被指数差异
(2015 年植被生长季与 2001—2010 年同期平均水平之差)(b)分布图

总体上,江南大部、华南大部、西南东部的大部、东北地区西部及内蒙古东北部、河北北部、安徽南部等地降水偏多,利于植被生长;辽宁中部偏西地区、河北南部、山东中东部、广东雷州半岛、海南中南部、云南中北部及西藏中部等地降水偏少,气温偏高不利于植被生长。

第三节 气候对大气环境的影响

2015 年京津冀、长三角地区平均大气环境容量均与近 10 年平均基本持平,珠三角地区较近 10 年偏低 7.5%。11—12 月,京津冀地区平均大气环境容量较近 10 年同期偏低 10%,低容量日数增多 35%,平均相对湿度较常年同期偏高 25.6%,大气通风扩散能力异常降低,十分有利于大气污染物的化学转化,使 $PM_{2.5}$ 的浓度骤升。2015 年珠三角地区低容量日数较近 10 年偏多 35.3%,大气通风扩散条件明显偏低。

一、1961 年以来全国大气环境容量变化特征

大气环境容量反映大气对污染物的通风扩散和降水清洗能力。大气环境容量值高,说明大气对污染物的自净能力强;反之,大气对污染物的清除能力差。从全国大气环境容量的多年平均分布来看(图4.3.1),大气环境容量较高(≥45 吨/天/平方公里)的区域分布于内蒙古、黑龙江南部、吉林、辽宁、山东半岛、江苏南部和浙江沿海、广东西部和广西东部沿海、海南岛以及云南北部、四川西南部、西藏

中部、青海东南部和甘南的部分地区；大气环境容量较低（≤25 吨/天/平方公里）的地区位于陕西南部、湖北和湖南大部、江西西部、广西西部、云南北部、重庆、四川东部、新疆中西部等地区。

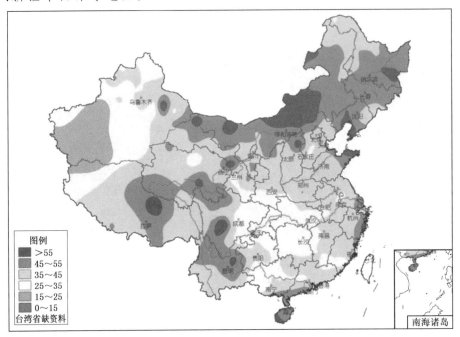

图 4.3.1　1961—2015 年全国大气环境容量分布图（单位：吨/天/平方公里）

1961—2015 年，我国 100°E 以东地区年平均大气环境容量总体呈下降趋势（图 4.3.2），平均每 10 年下降 3%，1988 年以后的年平均大气环境容量均低于1961—2015 年的平均值。2015 年我国 100°E 以东地区年平均大气环境容量较近10 年（2005—2014 年）持平，较 2014 年增加 2%；平均低容量日数较近 10 年偏少8%，较 2014 年偏少 5%。

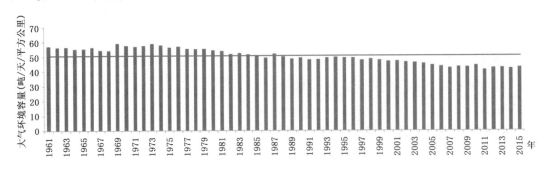

图 4.3.2　1961—2015 年 100°E 以东地区年平均大气环境容量历年变化

全国大气污染防控重点地区的京津冀、长三角和珠三角年平均大气环境容量呈下降趋势（图 4.3.3），容易导致重污染天气的低容量日数（大气环境容量值低于

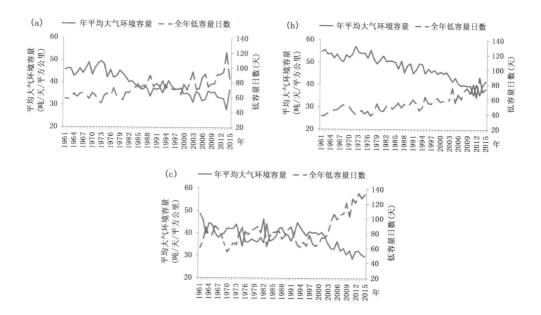

图 4.3.3 京津冀(a)、长三角(b)、珠三角(c)地区年平均大气环境容量和低容量日数历年变化(1961—2015 年)

14 吨/天/平方公里)呈上升趋势。1961—2015 年,京津冀和长三角地区年平均大气环境容量和低容量日数变化规律基本一致,大气环境容量平均每 10 年下降 3％,低容量日数平均每 10 年增加 6％;珠三角地区 2000 年以前大气环境容量和低容量日数变化不明显,2000—2015 年大气环境容量平均每 10 年下降 6％,低容量日数平均每年增加 4％。

二、2015 年全国大气环境容量特征

2015 年,黑龙江东部、吉林大部、辽宁西部和南部、内蒙古大部、青藏高原中部、四川西部、云南东北部、海南及山东半岛、江苏、浙江沿海等地年平均大气环境容量大于 45 吨/天/平方公里,大气对污染物的清除能力较强;新疆西南部等地大气环境容量小于 25 吨/天/平方公里,大气对污染物的清除能力较差;全国其余大部地区为 25～45 吨/天/平方公里,大气对污染物的清除能力一般(图 4.3.4)。

年低容量日数与近 10 年相比,我国黑龙江西北部和东部、吉林西部、内蒙古中西部、河北西部、山东西北部、长三角、珠三角、云南东南部、贵州西北部、四川东南部和重庆西南部地区偏低 5 天以上,大气扩散条件较差,其中济南及周边、江苏南部、云南西南部以及贵州与四川和重庆交界地区的低容量日数偏多 10 天以上,大气对污染物通风扩散能力很差(图 4.3.5)。

2015 年,京津冀、长三角地区平均大气环境容量均与近 10 年平均基本持平,珠三角地区较近 10 年偏低 7.5％,大气对污染物的清除能力略偏差(图 4.3.6)。京津冀地区的低容量日数 95 天,与近 10 年平均基本相当,其中 11 月和 12 月低容

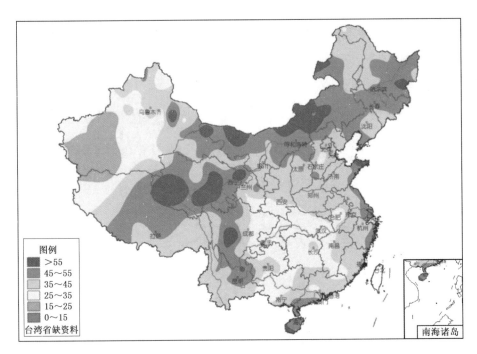

图 4.3.4　2015 年全国平均大气环境容量分布图(单位:吨/天/平方公里)

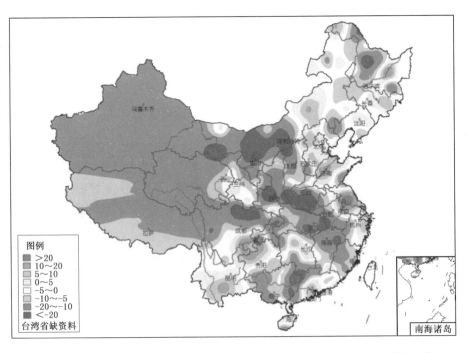

图 4.3.5　2015 年全国年低容量日数距平(相对 2005—2014 年平均值)(单位:天)

量日数分别偏多 18.6% 和 38.1%,10 月偏少 49.5%;高容量日数 34 天,偏少
10.5%;有效降水日数 31 天,偏多 28.2%,其中 6 月、9 月和 11 月分别偏多 3 天、1
天和 2 天;大气通风扩散条件略低,降水对污染物的清除作用略强。长三角地区

的低容量日数 96 天,较近 10 年平均偏多 21.3%,其中 9 月低容量日数偏多 56.1%;高容量日数 16 天,偏少 23.8%;有效降水日数 77 天,偏多 31.2%,其中 6 月和 11 月分别偏多 7 天和 5 天,大气通风扩散条件偏低,降水对大气污染物的清除作用增强。珠三角地区的低容量日数 159 天,较近 10 年平均偏多 35.3%,其中 1—3 月低容量日数偏多 54.5%,10—12 月偏多 32%;高容量日数 6 天,偏少 25%;有效降水日数 71 天,与近 10 年平均基本持平,其中 2—4 月、9 月和 11 月分别偏少 1~3 天,5—6 月、10 月和 12 月分别偏多 2~4 天;大气通风扩散条件明显偏低,降水对大气污染物的清除作用与近 10 年平均相当。

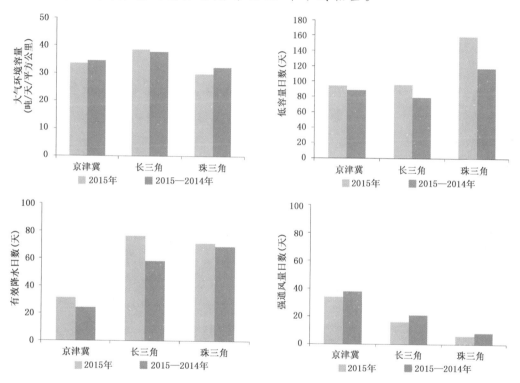

图 4.3.6 京津冀、长三角和珠三角地区 2015 年大气环境容量、低容量日数、有效降水日数和强通风量日数与近 10 年同期(2005—2014 年)平均值的对比

三、2015 年 11—12 月京津冀地区重污染天气频发的气候特征及其成因分析

2015 年 11—12 月,京津冀地区平均大气环境容量较近 10 年同期偏低 10%,北京偏低 33%。其中低容量日数异常增多,京津冀地区平均较近 10 年同期增多 35%,较去年同期增多 6%;北京较近 10 年同期增多 55%,较去年同期增多 52%。京津冀地区平均风速偏小,小风日数偏多,大气水平扩散条件偏差。京津冀地区平均风速与 2014 年同期相比偏小 10% 以上,石家庄偏大 26%;小风日数与 2014 年同期相比偏多 12%,北京偏多 28%、天津 24%,石家庄偏少 5%。11—12 月,京

津冀地区平均相对湿度77.1%,较常年同期(61.4%)偏高25.6%,较去年同期(54.7%)偏高41.0%;其中,北京平均相对湿度72.7%,较常年同期(52.6%)偏高38.2%,较去年同期(45.7%)偏高59.1%。11月30日夜间至12月1日夜间,北京地区相对湿度高达90%以上,其中12月1日凌晨至午后,有15个小时相对湿度达到99%(近饱和状态),过高的相对湿度不仅造成了颗粒物吸湿增长,导致能见度的下降,且更有利于污染物的二次反应,使PM$_{2.5}$的浓度骤升。

2015年11—12月,北京市偏南风风向频率较近10年同期偏高76%,较去年同期偏高60%;偏北风风向频率较近10年同期偏低27%,较去年同期偏低34%。11—12月北京市地面10米高度的偏南风风向频率异常偏高,为北京以南地区的大气污染物向北京输送提供了有利条件。但由于偏南风平均风速只有1.9米/秒,所以外来大气污染物的输送还是有限的。

持续数天的低大气环境容量和低混合层高度,致使大气对污染物的清除能力大幅度降低和大气污染物不断累积,再加上较低的偏南风速对大气污染物缓慢输送,是造成北京重污染天气过程的主要原因。11月27日至12月1日,北京市大气环境容量较近10年同期偏小82%,平均混合层高度仅为124米。11月30日夜间至12月1日夜间,北京地区相对湿度高达90%以上,其中12月1日凌晨至午后,有15个小时相对湿度达到99%(近饱和状态),过高的相对湿度不仅造成了颗粒物吸湿增长,导致能见度的下降,且更有利于污染物的二次反应,使PM$_{2.5}$的浓度骤升。这次过程致使北京市空气质量出现连续4天严重污染和1天重度污染。

12月20—26日,北京市大气环境容量较近10年同期偏小75%,平均混合层高度仅为155米。北京市空气质量连续出现4天严重污染和3天重度污染。

四、气候对大气环境影响评价方法与标准

所用资料为1961—2015年定时气象观测资料,包括风速、总云量、低云量、降水量。

大气环境容量反映大气对污染物的通风扩散和降水清洗能力。大气环境容量值低于14(吨/天/平方公里)时,表明大气混合层高度低、混合层内整体水平风速小且无降水,大气扩散条件很差,容易引起空气质量重度污染,称为低容量日;大气环境容量大于55(吨/天/平方公里)且无降水时,大气混合层内整体水平风速对污染物有较强的扩散作用,成为强通风量日;日降水量达到5毫米时,降水对大气污染物开始有明显的清除作用,称为有效降水日。

通过定量计算大气环境容量,统计分析低容量日数、强通风量日数和有效降水日数,并与同期历史气候值作比较,对空气污染气象条件进行评估。大气环境容量系数的计算方法如下:

$$A = 86.4 \times \left[\frac{\sqrt{\pi}}{2} \frac{V_E}{\sqrt{S}} + W_r R \times 10^3 \right] \cdot C_s$$

式中，V_E 为通风量，单位平方米/秒；W_r 为雨洗常数，取 0.17；R 为降水量，单位毫米/时；S 为面积，单位平方千米，在此取 1 平方千米；C_s 为大气污染物标准浓度，此处取 PM$_{2.5}$ 达标浓度 0.075 毫克/立方米；A 为大气环境容量，单位吨/（日·平方千米）。

通风量是描述大气对污染物稀释扩散能力的污染气象参数，数学表达为：

$$V_E = \int_0^H u(z) \mathrm{d}z$$

即在大气混合层内，风速与高度乘积的总和，表达了大气动力与热力的综合作用对大气污染物的清除能力。式中 u 表示混合层内风速，随距离地面高度而变化，单位米/秒；H 为混合层高度，与大气稳定度和地面风速有关，单位米。

第四节　气候对风力发电的影响

2015 年，我国中东部地区 80 米高度年平均风速与 2014 年基本持平，与近 10 年（2005—2014 年）相比明显偏小，甘肃和新疆的部分地区平均风速较近 10 年和 2014 年均偏大。1995—2015 年，我国陆上和近海风能平均理论可利用小时数的总体变化呈缓慢的下降趋势，2015 年陆上风能理论可利用小时数较近 20 年平均偏低 0.3%，近海风能理论可利用小时数较近 20 年平均偏低 3.3%。2015 年，甘肃省风能平均理论可利用小时数较近 10 年平均偏高 12.4%，二氧化碳减排贡献量偏高 12.4%；江苏近海理论可利用小时数较近 10 年平均偏低 12.8%，二氧化碳减排贡献量偏低 11.2%。

一、2015 年我国平均风速特征

2015 年，我国中东部地区 80 米高度年平均风速与近 10 年（2005—2014 年）相比明显偏小，其中山西大部、河北中部和南部、河南东部、山东、江苏、湖北中部、浙江东部、福建大部、广东沿海地区、四川东部和台湾等地偏小 10% 以上（图 4.4.1）；内蒙古西部、甘肃西部、新疆东部和南部、青海西北部、西藏西南部和云南中部等地的部分地区偏大，其中新疆东部和南疆、青海西北部、西藏西部等地偏高 10% 以上。与 2014 年相比，西北地区大部及黑龙江西南部、重庆、贵州北部、湖南大部、江西、广西东部、广东西部、海南和台湾等地偏大 5% 以上，其中西北大部偏大明显，超过 10%（图 4.4.2）；其余大部地区与去年接近。

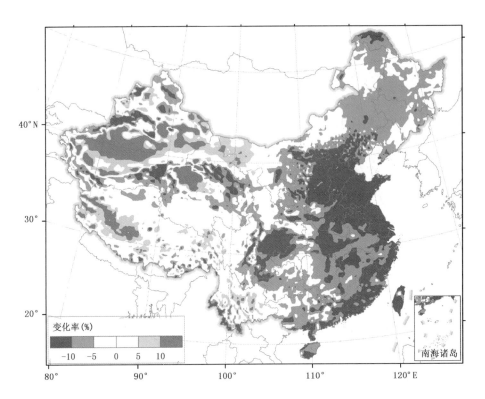

图 4.4.1　2015 年全国 80 米高度年平均风速与 2005—2014 年平均值对比（％）

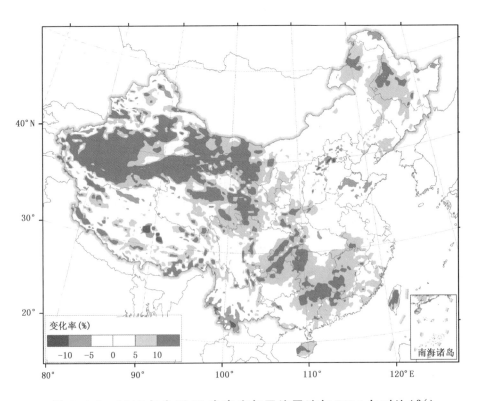

图 4.4.2　2015 年全国 80 米高度年平均风速与 2014 年对比（％）

二、我国陆地和近海 2015 年风能资源特征

1995—2015 年,我国陆地和近海(离岸 50 千米以内)80 米高度的风能平均理论可利用小时数的总体变化呈缓慢的下降趋势,陆地平均每 10 年下降 1.3%,近海平均每 10 年下降 1.4%(图 4.4.3)。2015 年陆地 80 米高度的风能平均理论可利用小时数较近 20 年平均偏低 0.3%,较 2014 年偏高 5.6%;近海 80m 高度的风能平均理论可利用小时数较近 20 年平均偏低 3.3%,较 2014 年偏高 2.4%。

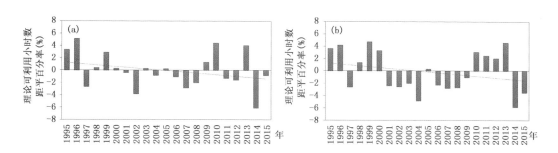

图 4.4.3　1995—2015 年陆地(a)和近海(b)80 米高度上的平均理论可利用小时数与近 20 年(1995—2014)平均值的对比

2015 年,甘肃省 80 米高度的风能平均理论可利用小时数较近 20 年平均偏高 12.4%,其中 6—8 月较近 20 年同期偏高 46.9%;新疆维吾尔自治区理论可利用小时数较近 20 年平均偏高 9.1%,其中 7—10 月偏高 31%;河北理论可利用小时数较近 20 年平均偏低 8.5%,其中 11—12 月偏低 33.1%;山西理论可利用小时数较近 20 年平均偏低 9.8%,其中 11—12 月偏低 33.8%;山东近海理论可利用小时数较近 20 年平均偏低 8.9%,其中 7—9 月和 12 月平均偏低 25.2%;江苏近海理论可利用小时数较近 20 年平均偏低 12.8%,其中 3 月、5 月、7 月、9 月和 12 月均偏低 20% 以上。

三、2015 年风电供应的减排贡献

以国家能源局公布的 2014 年全国风电累积并网容量为基准,计算风电等效减排量,以及气候影响导致的 2015 年较 2014 年对二氧化碳减排量的变化。2014 年底全国风电累积并网容量为 1.15 亿千瓦,理论发电量为 3015.6 亿千瓦时,相当于减排 3.48 亿吨二氧化碳(图 4.4.4)。2015 年,8 个主要风电基地所在区域二氧化碳减排变化率与近 10 年(2005—2014)平均值相比,江苏偏低 11.2%,山东偏低 8.9%,河北偏低 8.5%,内蒙古东部偏低 6.5%,吉林偏低 2.9%,内蒙古西部偏低 2.6%,新疆偏高 9.1%,甘肃偏高 12.4%;与 2014 年相比,江苏偏低 8.5%,山东偏低 7.3%,河北偏低 3.2%,内蒙古东部偏高 3.6%,内蒙古西部偏高 4.9%,吉林偏高 6.2%,新疆偏高 6.6%,甘肃偏高 17.6%(图 4.4.5)。

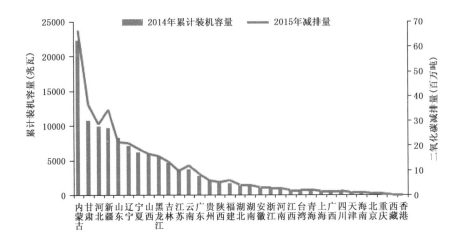

图 4.4.4　2015 年各省(区、市)陆上累计装机容量及减排量

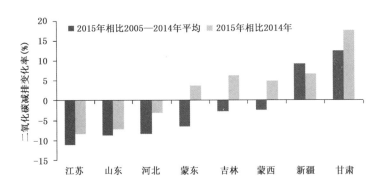

图 4.4.5　2015 年 8 个主要风电基地所在区域二氧化碳减排变化率与近 10 年(2005—2014 年)平均值及 2014 年对比

四、气候对风力发电影响评价方法与标准

1. 基础数据

2005—2015 年,全国 80 米高度风速由中尺度数值模拟得到。采用中尺度数值模式 WRF,两重嵌套网格,格距 45 千米和 15 千米,垂直 36 层,距地面 200 米高度内有 9 层。初始场采用美国 NCEP 全球大气环流模式再分析资料,并通过牛顿张弛逼近法进行资料同化。物理过程选用 ACM2 大气边界层参数方案、WSM6 微物理过程、Noah 陆面过程方案、RRTM 长波辐射方案、Dudhia 短波辐射方案、Kain-Fritsch 积云对流参数化方案等。内重网格计算范围覆盖全国,本文分析数据采用内重网格的逐小时输出。

2. 主要参数计算方法

年理论可利用小时数:

采用金风 1.5 兆瓦 82 风电机组功率曲线(图 4.4.6)计算年发电小时数,再折

减 30%,得到年理论可利用小时数。计算公式如下:

$$TW = \frac{\sum_{i=1}^{n} P_i f_i}{P} \times 70\%$$

式中,TW 为年理论可利用小时数,n 为风速段的总数,从 0~25 米/秒以及大于 25 米/秒,共 26 个风速段;P 为风力发电机的额定功率,即 1.5 兆瓦;P_i 为风力发电机在每个风速段的平均发电功率,f_i 为实际风速在各风速段出现的概率。

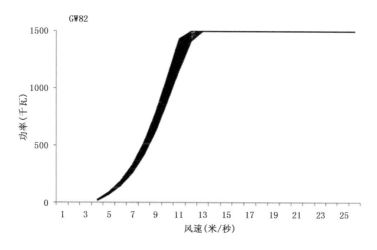

图 4.4.6　金风 1.5 兆瓦 82 风电机组功率曲线

在年理论可利用小时数达到或超过 2146 小时的区域内,剔除由于风电开发技术和经济条件限制而不适于发展风电的区域后,每个省(区、市)所有可开发风电的区域内平均年理论可利用小时数即为该省的年理论可利用小时数。图 4.4.7 为经过 GIS 空间分析后的陆上可利用风能资源分布图,其中有颜色的区域都是可开发利用风能的区域。完全不可开发风能资源的区域包括:水体、湿地、沼泽地、自然保护区、历史遗迹、国家公园、矿区、城市及城市周围 3 千米的缓冲区。部分可开发风电的地区为:草地 80%、森林 50%、灌木丛 65%;地形 GIS 坡度小于 3%,装机容量系数 5 兆瓦/平方千米;坡度 3%~6%,装机容量系数 2.5 兆瓦/平方千米;坡度 6%~30%,装机容量系数 1.5 兆瓦/平方千米;地形 GIS 坡度大于 30% 是不适宜开发利用的。

二氧化碳减排量:

根据国家能源局 2016 年 1 月发布的 2015 年全社会用电量,6000 千瓦以上电厂供电标准煤耗 315 克/千瓦时。考虑到二氧化碳分子量为 44,碳分子量为 12,则:

1 千瓦时(风电)＝315 克(标煤)＝315×44/12＝1.155 千克(CO_2)

即风力发电 1 度(千瓦时)可减排 1.155 千克二氧化碳。

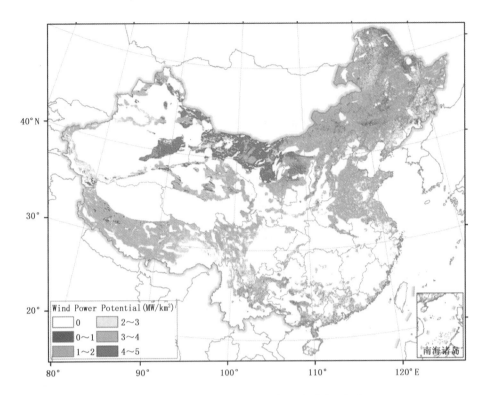

图 4.4.7　陆上可利用的风能资源分布

以国家能源局公布的 2014 年全国各地区风电累积并网容量为基准,年理论发电量等于风电累积并网容量乘以理论发电小时数,单位:千瓦时。年理论发电量乘以 1.155 千克/千瓦时,即得到二氧化碳减排量。

第五节　气候对交通的影响

一、气候对交通运营的影响

2015 年,全国交通运营不利日数(10 毫米以上降水、雪、冻雨、雾及扬沙、沙尘暴、大风)除西北中部及西部、西藏中西部和东部等地少于 20 天外,全国其余大部地区普遍在 20 天以上,其中秦岭—淮河及其以南大部地区以及东北地区的西南部等地有 40 天以上,江南大部及江苏、福建大部、重庆大部、广东西北部、广西大部、云南南部等地超过 60 天(图 4.5.1)。

与常年相比,华北东部、黄淮大部、江淮、江汉东部、江南大部及福建北部、广东西北部、广西大部、贵州大部、云南东部、重庆大部、四川东南部、新疆中北部、吉林中西部、辽宁东部等地不利天气偏多 10~20 天,其中部分地区偏多 20 天以上;西藏中西部、新疆南部、青海中南部、黑龙江西北部等地偏少 10~20 天,局部地区偏少 20 天以上;全国其余地区接近常年(图 4.5.2)。

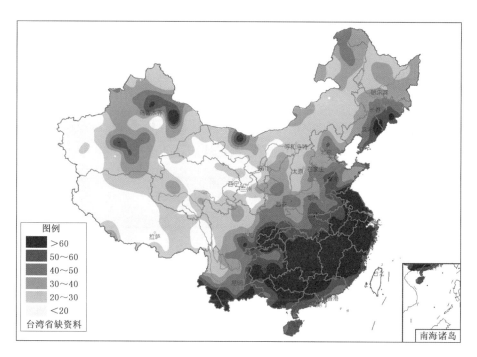

图 4.5.1　2015 年全国不利交通运营日数分布图(单位:天)

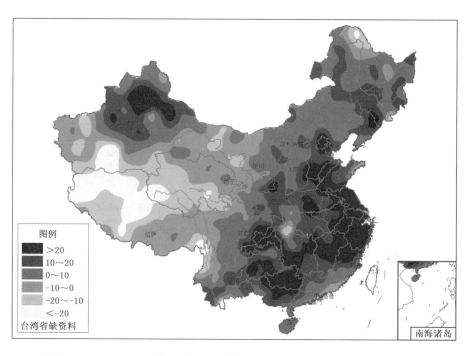

图 4.5.2　2015 年全国交通运营不利日数距平分布图(单位:天)

二、气候对交通影响事例

2015 年,冬春季节中东部大范围雾霾天气过程、冬季大雪、夏季台风、暴雨、强对流等不利天气给公路、铁路或航空运输造成较大影响。

1. 雾霾

1月雾霾天气导致湖北、江苏、江西、四川、天津、山东、广西、贵州、云南等省（区、市）多条高速公路临时封闭，多个航班延误。其中10日，成都机场67个出港航班延误，约9000名旅客受到影响；12日，昆明长水机场共延误航班45架次；25日，山东共70多个高速公路收费站临时关闭，济南遥墙国际机场多架次航班延误或取消，最长延误时间超过4小时；26—27日，广西防城港实施了海上交通管制共17个小时，暂停所有船舶进出港。

2月11日，四川境内达州、自贡、宜宾等多地出现大雾天气，成自泸高速成都往自贡方向162公里处因雾56台车先后发生连环追尾交通事故，造成2人死亡，34人受伤。24日，四川多地出现大雾，四川境内多条高速公路因大雾采取临时封闭措施。

11月9—15日，我国中东部地区出现持续性的雾霾天气。9日，吉林高速公路交警对境内的京哈、珲乌等主要高速部分路段实行了交通管制，长春龙嘉机场87个航班延误；11日，哈尔滨机场共有261个航班受影响，其中取消航班155个；12日，辽宁多地又出现能见度小于200米的浓雾天气，境内沈阳绕城高速、沈康高速全线、灯辽高速全线等多条高速公路路段因降雾封闭；15日，河北中南部因持续性大雾天气，青银高速、京港澳高速石安段、邢衡高速邢台段、大广高速衡大段等都对部分站口实行了双向关闭。

2. 大雪

1月9日，贵阳机场因雨雪临时关闭40分钟，期间共延误航班89架次，影响旅客近万名；贵遵高速沙文到扎佐段连发3起追尾事故。9—11日，受雨雪天气影响，昆明长水机场共延误航班87架次，取消航班59架次；云南多条交通要道被迫临时实行交通管制。27—30日，受低温雨雪冰冻及大雾天气影响，安徽部分高速入口实行临时封闭和限速等交通管制；28日凌晨，滁新高速寿阳淮河大桥因桥面结冰引发20余辆车连环相撞，造成2死14伤；合宁、合芜、合蚌高铁共计14趟列车因降雪晚点；28日合肥机场因跑道被积雪覆盖关闭2小时，造成10多个出港航班延误。

11月21—25日，我国北方出现大范围雨雪天气过程。23日，受降雪影响，京沪线、京九线、兖石线、兖菏线等铁路部分列车限速运行晚点；山西90%以上高速路段封闭；河北、山西、内蒙古、山东、河南、辽宁、陕西、宁夏、甘肃部分路段通行受阻；24日，因山东、河南省境内普降大雪，当日到达北京、北京南、北京西站部分列车晚点。

3. 降水与强对流天气

5月18—22日，南方地区出现暴雨天气过程，江西、湖南、广东、广西及贵州等地部分城市出现了内涝,对城市运行和道路交通等造成较重影响,暴雨洪水还造成江西省赣州市 4 条干线公路 7 处路段因塌方、路基缺口、过水路面等长时间阻断通行,3 处路段因路树倒塌、水淹公路发生短时间交通中断。广东省内多个机场航班遭遇大面积延误,仅南航就取消由广州、深圳、珠海进出港的航班 302 个,起飞航班仅占原计划的 3 成。

6 月,南方频发的 8 次强降水过程,使得南方部分地区公路塌方或被水淹导致交通中断,铁路因为强降水影响而减速行车,导致列车晚点。区域性暴雨和强对流天气,也给航空运输带来影响,受局地雷雨影响,虹桥、浦东、南京、杭州等机场航班受到影响,27 日南京禄口机场超过 100 架航班延误,另有 19 架航班被取消。受强降水天气影响,14 日桂林漓江迎来今年最大洪峰,海事部门对漓江水上交通进行封航管制,这是漓江旅游船舶年内首次全线封航。区域性暴雨和强对流天气,还造成上海、南京等部分城市严重内涝,市内交通受到严重影响。

6 月 1 日晚 21 时 32 分,载有 458 人的"东方之星"客轮当航行至湖北省荆州市监利县长江大马洲水道时因突遇飑线伴有下击暴流、短时强降雨等强对流天气而翻沉,造成 442 人死亡。受下击暴流袭击,风雨强度陡增,瞬时极大风力达 12～13 级,1 小时降雨量达 94.4 毫米。

8 月 17 日,受强降水影响,广西巴马县国道部分路段边坡垮塌造成道路封闭交通阻断;云南昭通市境内昭彝、镇威、昭麻等二级公路因强降水引发塌方,造成交通受阻或中断;四川宜宾市兴文县山洪造成公路损毁约 5 公里,塌方近 7500 立方米,部分交通阻断。

4. 台风

6 月,受 8 号台风"鲸鱼"影响,海南进出岛交通受到严重影响。22 日 10 时,琼州海峡全线停航,进出岛列车全部停运;18 时海南东环动车组列车全线停运;海口美兰机场至 19 时 30 分取消航班 63 架次,三亚凤凰机场至 21 时共取消航班 99 架次,1.1 万名旅客受到影响。

7 月,第 10 号台风"莲花"带来的风雨给广东和福建的交通带来严重影响,揭阳潮汕机场取消进出港航班 57 班,32 个航班延误;深圳机场取消进出港航班 74 班;9 日,铁路部门停运当天经由厦深线运行的全部动车组列车。受第 9 号台风"灿鸿"影响,11 日,我国华东各大机场大面积取消航班。部分动车和高铁线路也暂停营运。

8 月,第 13 号台风"苏迪罗"影响期间,福建福州、浙江温州等地内涝严重,部分地区交通中断;安徽合肥高铁南站 30 余趟动车停运,合肥机场部分航班取消或延误;8 月 8 日江西南昌铁路局停运旅客列车,9 日继续停运旅客列车 44 列;8 日广东从深圳北站出发的 32 趟动车停运,9 日 13 趟动车停运。

9月29日,受台风"杜鹃"影响,广西南宁多个前往台北、厦门、福州的航班取消。福建厦门机场取消百余航班,福州机场取消进出港航班122架次,14个进出港航班延误;沿海轮渡、码头、对台航线停航;平潭海峡大桥、福州青州大桥等实施交通管制。浙江宁波、奉化城区很多路段出现严重积水、城区不同程度被淹,局部出现塌方,温州鹿城、瑞安、苍南、平阳等多地遭江水倒灌,交通受影响;宁波机场共取消航班19架次。

受台风"彩虹"影响,10月3—7日,海南、广东、广西、湖南等地相继出现强降雨天气。其带来的强风暴雨叠加天文大潮、龙卷风及强降雨引发的泥石流、滑坡等灾害,给广东、广西、海南等省区的人民生命财产、交通运输、电力、国庆假期旅游等造成很大影响。

三、气候对交通影响评价方法与标准

交通运营不利天气包括10毫米以上降水、雪、冻雨、雾及扬沙、沙尘暴、大风等天气。交通运营不利天气日数是指一段时期内,累计发生一种或几种上述天气现象日数的总和。

第六节　气候对人体健康的影响

2015年,全国平均舒适日数148天,接近常年。年舒适日数,江淮及河南东部、河北南部、浙江北部、贵州西部等地偏多10～20天,其中上海及安徽中部、浙江东北部、江苏东南部部分地区偏多20～30天;华南大部及黑龙江北部、内蒙古东北部、新疆北部、云南南部等地偏少10～20天,局部偏少30天以上;全国其余大部地区接近常年。从季节分布来看,冬季舒适日数偏少,春秋季偏多,夏季接近常年同期。

一、总体评价

2015年,全国平均舒适日数148天,接近常年(图4.6.1)。就空间分布而言,华北东南部、黄淮大部、江淮以及浙江北部、贵州西部等地偏多10～20天,其中上海及安徽中北部、江苏南部、浙江东北部偏多20～30天,局部偏多30天以上;华南大部及黑龙江北部、内蒙古东北部、新疆北部和中部、西藏南部、云南南部等地偏少10～30天,局部偏少30天以上;全国其余大部地区接近常年(图4.6.2)。

二、四季舒适日数特点分析

1. 全国冬季舒适日数较常年同期偏少

2014/2015年冬季,全国平均舒适日数有40.3天,较常年同期(45.6天)偏少5.3天(图4.6.3)。上海及安徽北部、河南东部、河北南部等地舒适日数较常年同期偏多5～10天;西南大部及新疆大部、甘肃西部、内蒙古东北部、黑龙江北部、吉

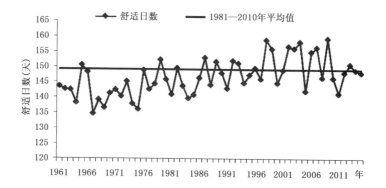

图 4.6.1　1961—2015 年全国平均年舒适日数历年变化

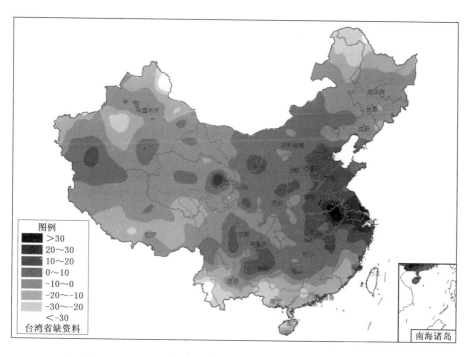

图 4.6.2　2015 年全国年舒适日数距平分布(单位:天)

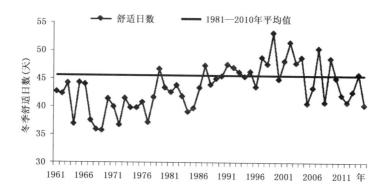

图 4.6.3　1961—2015 年全国冬季平均舒适日数历年变化

林东部、辽宁东部和西部、河北北部、山西北部、陕西北部、福建、广东南部、海南北部等地偏少5~10天,其中福建、云南大部、新疆大部等地偏少10~20天。

2. 全国春季舒适日数较常年同期略偏多

2015年春季,全国平均舒适日数有29.1天,较常年同期(27.7天)偏多1.4天(图4.6.4)。长三角地区及安徽中部、河南东部、山东中部、天津、云南北部及四川东部等地舒适日数较常年同期偏多5~10天,其中局地偏多10~20天;广西中西部、广东西南部、云南南部等地舒适日数偏少5~10天,其中广西西部偏少10~20天。

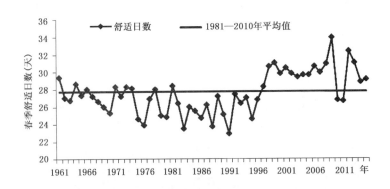

图4.6.4 1961—2015年全国春季平均舒适日数历年变化

3. 全国夏季舒适日数接近常年同期

2015年夏季,全国平均舒适日数有45.6天,接近常年同期(45.4天)(图4.6.5)。江南东部和西部及重庆、贵州东部、湖北西部、河南西部、河北西部、山西北部等地舒适日数较常年同期偏多5~10天;东北大部及内蒙古东部、新疆北部、云南西南和东南部等地舒适日数较常年同期偏少5~10天,其中黑龙江大部、吉林西部、辽宁北部、内蒙古东北部、新疆北部、云南南部局部等地偏少10~20天。

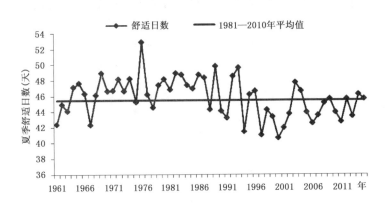

图4.6.5 1961—2015年全国夏季平均舒适日数历年变化

4. 全国秋季舒适日数较常年同期略偏多

2015 年秋季,全国平均舒适日数有 31.4 天,较常年同期(30.5 天)偏多近 1 天(图 4.6.6)。江淮、黄淮东部及浙江东部、福建东北部、贵州中西部、四川南部、云南东部等地舒适日数较常年同期偏多 5～10 天,局部超过 10 天;海南、广西大部、广东西部、新疆西北部等地偏少 5～10 天,其中海南大部偏少 10～20 天。

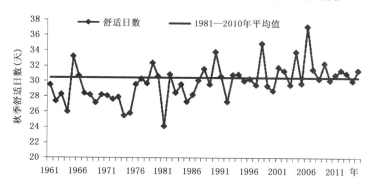

图 4.6.6　1961—2015 年全国秋季平均舒适日数历年变化

三、气候对人体健康影响的主要事例

冬春季,中东部地区受雾霾、冷暖空气交替、花粉飞絮等因素影响,部分呼吸系统疾病患者增多。3 月底,受持续不断的重度雾霾影响,山东济南到医院呼吸科就诊的病人明显增多,其中,患过敏性鼻炎、咳嗽、支气管炎等病症的人数同比增加了近 3 成;10 月,济南市儿童医院呼吸科门诊候诊的儿童增多,德州市联合医院门诊的呼吸道疾病患者增加 1 倍多,其中支气管炎、鼻炎等病患占多半。12 月上旬,武汉市第三医院临床接诊呼吸道系统疾病患者较上个月增加 20%～30%,以 60 岁以上老人和 5 岁以下儿童居多。12 月,受持续雾霾天气影响,北京疾控部门媒体提醒市民减少出行,注意健康防护。

6—8 月,受持续高温影响,安徽、海南、广东及新疆多地中暑或呼吸道感染等疾病患者增多。6 月中下旬,安徽黄山市高温中暑病例增多,市卫生部门下发通知要求,进一步做好高温中暑人员救治和信息报告工作;7 月初海口市人民医院呼吸道疾病患者明显增多;7 月中下旬,新疆自治区人民医院因中暑就诊人数明显增多。7 月底至 8 月初,上海、湖北宜昌、武汉等地高温中暑人数增多,各有 1 人中暑死亡。

四、气候对人体健康影响评价方法与标准

环境气象条件是影响人体舒适的重要因素。人体舒适度就是从气象角度评价单个人体或一定人群对外界气象环境感受舒适与否及其程度的指标,它反映了气温、湿度、风等气象因子对人体的综合作用。舒适感直接影响人群的日常生活(晨练、上班、着装、旅游等)、疾病(中暑、脑卒中、感冒、心肌梗死等)和健康。气候

适宜,有益于人体健康。气象条件对人体健康的利弊影响可以采用舒适日数的多少来评定。

表征人体舒适度的要素主要有实感温度、不舒适指数、炎热指数、风冷力指数、皮肤相对湿度等。本文根据以上舒适度指数的特点,不同季节使用不同的评价指数,即冬季采用风冷力指数、春秋季采用实感温度、夏季采用炎热指数。具体计算公式为:

风冷力指数:$q = (10\sqrt{v} + 10.45 - v)(33 - t)$ (4.6.1)

$$\text{实感温度:} ET = 37 - (37 - t)/[0.68 - 0.14RH + 1/(1.76 + 1.4v^{0.75})]$$
$$- 0.29(1 - RH)t \qquad (4.6.2)$$

炎热指数:$k = 1.8t - 0.55(1.8t - 26)(1 - RH) - 3.2\sqrt{v} + 32$ (4.6.3)

式中,t 为日最高气温,v 为日平均风速,RH 为日平均相对湿度,q、ET、k 分别为风冷力指数、实感温度和炎热指数。

根据人们通常对不同舒适度指数范围的感受程度将其分为 5 个评价等级,具体见表 4.6.1。

表 4.6.1　不同舒适度指数范围及人体感觉程度

风冷力指数		实感温度		炎热指数	
指数范围	人体感觉	指数范围	人体感觉	指数范围	人体感觉
$1200 < q$	极冷不舒适	$32 \leqslant ET$	极热不舒适	$90 \leqslant k$	酷热极不适
$1000 < q \leqslant 1200$	很冷不舒适	$27 \leqslant ET < 32$	热不舒适	$75 \leqslant k < 90$	热不舒适
$800 < q \leqslant 1000$	冷不舒适	$17 \leqslant ET < 27$	舒适	$50 \leqslant k < 75$	舒适
$600 < q \leqslant 800$	凉不舒适	$15 \leqslant ET < 17$	凉不舒适	$25 \leqslant k < 50$	凉不舒适
$q \leqslant 600$	舒适	$ET < 15$	冷不舒适	$k < 25$	冷不舒适

2015年度各省(区、市)气候影响评价摘要

北　京　2015年,全市平均气温为12.2℃,比常年偏高0.7℃;冬、春季气温偏高,夏、秋季气温正常。全市平均年降水量为598.1毫米,比常年偏多1成;冬季、夏季降水偏少,春季降水接近常年,秋季降水偏多。全市平均年日照时数为2381.1小时,比常年偏少116.6小时;冬季、夏季日照时数接近常年,春季日照时数偏多,秋季日照偏少。年内出现高温、连阴寡照、雾霾等天气气候事件,大风、冰雹等局地强对流天气和局地暴雨造成一定的损失。2015年天气气候条件对冬小麦、春玉米和夏玉米的生长发育及产量形成较为有利,大部地区森林植被长势偏好或正常,生态质量较2014年改善。

天　津　2015年,全市平均气温为13.6℃,较常年偏高1.0℃,仅次于2014年,为1961年以来历史第二高;全市平均年降水量为563.8毫米,较常年偏多25.7毫米;全市平均年日照时数为2323.7小时,较常年偏少175.2小时。从季节上看,冬、春季气温较常年显著偏高,夏季偏高,秋季接近常年;秋、冬季降水显著偏多,春季偏多,夏季偏少;冬、春季日照较常年偏多,夏、秋季偏少。年内,出现了雾霾、连阴寡照、干旱、冰雹、大风、高温、大雪和沙尘等灾害性天气气候事件。夏季的高温给城市电网带来巨大压力;干旱严重影响玉米的产量;雷雨大风、冰雹等强对流天气给滨海新区、宝坻、武清和静海的农业生产带来较大损失。秋、冬季出现的连阴寡照、大雪和雾霾天气,对农业生产、交通运输和人体健康等造成不利影响。综合分析,2015年天津市气候年景总体较好,气象灾害较轻,灾害造成的损失低于2014年。

河　北　2015年,全省平均气温为12.6℃,比常年偏高0.8℃;冬季气温显著偏高,为2008年以来最暖的冬季,春季气温偏高,夏季、秋季气温接近常年。全省平均年降水量为506.0毫米,接近常年(503.7毫米);夏季降水偏少,部分地区突破历史同期极小值,春、秋季降水显著偏多,超过30%区域秋季降水异常偏多,冬季降水量接近常年。2015年,河北主要遭遇了干旱、强对流天气、局地性暴雨洪涝、高温、大风、寒潮、雾霾等气象灾害,其中干旱、强对流天气造成的损失最为严重。总体而言,2015年全省气象灾害造成的损失偏小,气象灾害属于中等偏轻年份;气候年景属于偏好年份。

山　西　2015年,全省平均气温为10.7℃,较常年偏高0.9℃,为1961年以来第五高;夏季气温略偏低,其余季节气温均偏高。全省平均年降水量为439.9

毫米,较常年(468.3毫米)偏少6%,为近10年来第三少;降水分布极为不均,冬季偏少,春季偏多,夏季异常偏少,为1961年以来历史第三少,秋季明显偏多,为近10年来第二多。全省平均年日照时数为2296.6小时,较常年偏少152.7小时;秋季日照时数偏少明显,其余季节基本正常。2015年,降水量时空分布不均,发生了区域性、阶段性的干旱和局部洪涝灾害;春季气温冷暖起伏变化大,部分地区出现寒潮和霜冻灾害。年内,主要气象灾害及气候事件有干旱、暴雨洪涝、冰雹、霜冻、高温、大风、寒潮等,其中干旱、暴雨洪涝、冰雹和霜冻造成的影响较为严重。

内蒙古 2015年,全区平均气温为6.0℃,较常年偏高0.9℃,为1961年以来历史第四高;全区平均年降水量为328毫米,接近常年。年内出现了干旱、暴雨洪涝、高温、雪灾、大风冰雹、霜冻、低温冻害及草原火灾、病虫害等气象灾害和衍生灾害。春季沙尘暴过程少而且首次出现时间偏晚;夏季中西部大部地区发生干旱,农牧业遭受损失,多地发生暴雨洪涝、冰雹、雷暴灾害;秋末出现了雪灾,交通运输、设施农业受到一定程度影响,全区出现大范围雾霾天气。另外,全区大部地区还遭受了高温、霜冻、低温冻害等气象灾害,造成一定损失。气候条件及各种气象灾害给农作物、牧草及水资源、交通等带来不同程度的影响,利弊均有。综合分析,2015年气候为正常年景。

辽　宁 2015年,全省年平均气温为9.4℃,比常年偏高0.7℃;冬、春、夏季气温均偏高,秋季偏低。全省平均年降水量为557.3毫米,比常年(646毫米)偏少约2成;冬季降水量比常年偏多7成,春季接近常年,夏季偏少2成,秋季偏少1成。全省平均年日照时数为2463小时,比常年偏少85小时;冬季日照时数比常年偏少26小时,春季偏多35小时,夏季偏多25小时,秋季偏少79小时。年内,主要气象灾害有干旱、暴雨洪涝、雾霾、大风、冰雹、雷电和雪灾等,灾害性过程呈阶段性、局地性特征。总体看,2015年为气象灾害偏轻年份,但干旱、霾的影响范围广,危害重。

吉　林 2015年,总的气候特点为:气温偏高,降水略少,日照偏少。全省年平均气温为6.2℃,比常年偏高0.8℃,为1951年以来第四高;全省平均年降水量为579.4毫米,比常年偏少5%;全省平均年日照时数为2361.1小时,比常年偏少93.2小时。2015年整个作物生长季全省平均气温略高,日照略多,光热条件基本满足农作物的生长发育需求;降水略少,春播期和仲夏出现长时间少雨天气,局地出现旱情,影响了作物的生长发育。年内,主要出现了干旱、暴雨洪涝、雷雨大风、冰雹、龙卷风、台风、雪灾、雾和霾等主要天气气候事件。

黑龙江 2015年,全省平均气温为3.9℃,比常年偏高0.9℃,为1961年以来历史第三高;冬季气温显著偏高,春、夏季偏高,秋季略高。全省平均年降水量为564.8毫米,比常年偏多7%;其中冬、春季显著偏多,夏季正常,秋季偏少。全省平均年日照时数为 2356 小时,比常年偏少 161 小时,为 1961 年以来历史第四少。2015 年主要气象灾害有暴雨洪涝、台风、风雹、低温冻害、雾霾、雪灾。年内,春季低温阴雨寡照、夏季局地强对流、秋季雾霾、12 月暴雪天气等给农业、交通等带来不利影响。总体来看,2015 年黑龙江省主要气象灾害及极端气候事件与 2014 年相比相对较少,农作物生长季(5—9 月)气象条件较好,积温接近常年同期或略偏少,初霜冻偏晚,无重大农业气象灾害,对农业生产较为有利,农业气候年景为正常偏丰年景。

上 海 2015 年,全市平均气温为 16.9℃,比常年偏高 0.6℃,是 1961 年以来历史第八高,并已连续 16 年高于常年值;冬、春、秋季气温略偏高,夏季略偏低。全市平均年降水量为 1691.5 毫米,比常年偏多 43.2%,为 1961 年以来仅次于 1999 年的第二高;冬季降水略偏少,春季略偏多,夏、秋季显著偏多。全市平均年日照时数为 1600 小时,比常年偏少 255 小时,为 1961 年以来历史最少;冬、春季日照时数略偏多,夏季显著偏少,秋季偏少。年内,主要气象灾害有台风、暴雨洪涝、大风、冰雹、雷电、高温和大雾。总体而言,2015 年属气象灾害一般年份。冬小麦、单季晚稻生育期农业气象条件属正常年份。

江 苏 2015 年,全省平均气温为 15.8℃,较常年偏高 0.5℃;冬、春、秋季气温偏高,夏季偏低。全省平均年降水量为 1339.1 毫米,较常年偏多近 3 成,仅少于 1991 年(1449.8 毫米),为 1961 年以来历史次多;春、夏、秋季降水量偏多,冬季显著偏少。全省大部分地区年日照时数较常年偏少。年内主要天气气候事件有:1 月上中旬淮北干旱;3 月 17—19 日出现历史同期罕见强降水,其中扬中、南京、海安日最大降水量突破 1951 年以来 3 月历史极值;4 月上中旬出现"倒春寒"天气,其中徐州连续 6 天阴雨日数创历史同期最长;4 月下旬多次出现强对流天气,其中 4 月 27—28 日全省范围的冰雹、雷雨大风天气影响最重;6 月"温低雨多",全省月降水量较常年同期偏多 1.5 倍,为 1961 年以来同期最多;7—8 月先后遭受 3 个台风影响,其中台风"苏迪罗"影响较大;梅汛期入(出)梅偏晚,雨量偏多,苏南大部分地区梅雨强度偏强;11 月出现历史同期罕见区域性连阴雨过程,沛县和灌南持续阴雨 21 天,创秋季连阴雨日数的历史记录;11 月 24 日淮北出现历史同期罕见暴雪。2015 年对主要农作物、水资源、人体健康、旅游为较好气候年景,对海盐生产、特色农业、水环境及交通等行业为正常或正常略差气候年景。

浙 江 2015 年,全省平均气温为 17.7℃,比常年偏高 0.5℃,连续 19 年偏暖;全省平均年降水量为 1891.2 毫米,比常年偏多 3 成,降水之多居历史第二;全省平均年日照时数为 1398 小时,比常年偏少 361.3 小时,日照之少列历史首位。1 月多雾霾天气,严重影响交通与人体健康;2 月下旬,持续阴雨天气,大部分地区基本无日照,降水量异常偏多;3 月开始局地强天气多发;6 月 7 日入梅,7 月 12 日出梅,梅期 35 天,梅雨特征较明显;8 月,台风"苏迪罗"带来百年一遇的局地强降雨,部分地区损失严重;9 月,受台风"杜鹃"和天文高潮的影响,宁波市大面积内涝积水,温州等地局部发生小流域山洪与山体滑坡等地质灾害;10 月 27 日至 11 月 26 日,出现新中国成立以来同期最严重的多雨寡照天气,全省降雨量之多、降雨日数之多、日照时数之少均破历史记录。总体来说,2015 年气象灾害影响中等偏重,人员伤亡和经济损失比 2014 年明显增加。

安　徽　2015 年,全省平均气温为 16.2℃,较常年偏高 0.3℃;冬、春季气温持续偏高,夏季偏低,秋季接近常年。全省平均年降水量为 1386 毫米,较常年偏多近 2 成,为 2004 年以来最多;冬季降水偏少,春、夏、秋三季连续偏多。江淮之间入梅偏晚、沿江江南接近常年,出梅偏晚,梅雨期偏长,梅雨量偏多。全省平均年日照时数 1668 小时,较常年偏少 234 小时,为 1961 年以来历史最少。梅雨期暴雨过程多,滁河流域发生洪涝灾害;台风"苏迪罗"造成大别山区暴发山洪;夏季气温低,连续两年"凉夏";秋末出现低温连阴雨,降雪初日早;沿淮淮北出现秋旱,农事活动受影响;年初年末雾、霾不断,交通及空气质量受影响;春夏季强对流时有发生,危害总体轻。2015 年天气气候总体平稳,未出现全省性大旱大涝,但连阴雨、强降水、台风、强对流天气等导致部分地区受灾。全年极端气候事件影响偏轻,但较 2014 年重,属一般气候年景。尽管农作物生育期遭遇湿渍害和局地内涝,全年农业气象灾害偏轻,粮食产量实现历史性"十二连丰"。

江　西　2015 年,全省气温偏高,降水偏多,冬季偏暖,夏季偏凉,阶段性、局地性气象灾害多发频发。全省年平均气温为 18.6℃,较常年偏高 0.6℃,历史排位第六高;其中夏季气温偏低,春、秋、冬季气温偏高。全省平均年降水量为 2106.4 毫米,较常年偏多 26%;其中冬季降水偏少,春季接近常年,夏、秋季偏多。年内,主要的气象灾害有洪涝、风雹、雷电、热带气旋、雾霾等,其中暴雨洪涝及其引发的山体滑坡、泥石流等次生灾害最为严重。年内暴雨过程较多,尤其是 5—6 月暴雨过程频繁,过程间歇短,雨强大,虽没有出现流域性的洪涝灾害,但局部洪涝、山洪地质灾害严重。综合分析,2015 年气候条件对农业的影响有利有弊,但利大于弊,属正常偏好年景。

福　建　2015 年,全省平均气温为 20.1℃,比常年偏高 0.6℃;全省平均年降水量为 1934.7 毫米,较常年偏多 280.5 毫米;全省平均年日照时数为 1491.0 小时,较常年偏少 211.1 小时,仅次于 1997 年,为 1961 年以来第二少。年内经历 4 次寒潮、5 次高温、6 个台风、7 次强对流、27 场暴雨以及春夏气象干旱。主要异常天气气候事件有:春季出现罕见高温,降水偏少,中南部地区气象干旱严重。前汛期历时短,降水突发性、局地性、极端性强,三明、龙岩两市局地受灾严重。登陆或影响台风偏少、偏强,其中"苏迪罗"和"杜鹃"先后登陆莆田秀屿,造成多地城市内涝,经济损失严重;台风"苏迪罗"重创省会福州,是 2007 年以来福建省受灾最重的台风。夏季凉爽多雨,非台风引起的持续性强降水致多地严重洪灾。秋季气温异常偏高,其中 11 月气温较常年偏高 2.4℃,创历史极值。秋末寒潮来袭,气温骤降。12 月暴雨过程次数多、范围广、强度大,出现明显冬汛。总体来看,2015 年气候年景偏差,突发性、局地性和极端性天气气候事件频发,气象灾害以暴雨洪涝和台风为主,气象灾害造成的损失为 2011 年以来最重。

山　东　2015 年,全省平均气温为 14.1℃,较常年偏高 0.7℃,四季气温均偏高;全省平均年降水量为 596.9 毫米,较常年(641.6 毫米)偏少 7.0%,其中春季和秋季偏多,冬季和夏季偏少;全省平均年日照时数为 2169.9 小时,较常年偏少218.3 小时,是 2006 年以来连续第 10 年偏少,其中冬季偏多,其余各季偏少。年内主要天气气候事件有:春、夏、秋季少雨干旱,中东部地区旱情较重;夏季风雹多发,农业损失较重;7 月受台风"灿鸿"影响,半岛出现强降水;11 月阴雨寡照低温暴雪,农业生产和交通运输受到影响;秋、冬季雾霾频现,空气污染严重;冬、春季多大风天气,海上交通受阻。综合评价,2015 年气候条件总体弊大于利,属于一般略偏差年景。

河　南　2015 年,全省平均气温为 15.1℃,比常年偏高 0.5℃,其中冬、春季气温偏高,夏季偏低,秋季正常;全省平均年降水量为 694.9 毫米,较常年偏少5.5%,其中春季降水偏多,秋季正常,冬、夏季偏少;全省平均年降水日数为 61.8天,较常年偏少 25.6 天,其中平均年暴雨日数为 1961 年以来最少;全省平均年日照时数为 1779.4 小时,较常年偏少 215.7 小时,已连续第 11 年少于常年,冬季日照时数偏多,其余三季均偏少,其中秋季为 1961 年以来同期第 4 少。2015 年的主要气象灾害及天气气候事件有:春、夏、秋季出现了不同程度的气象干旱;春、夏季多次出现大风、冰雹等强对流天气;夏季局地发生暴雨洪涝灾害;7 月中旬出现大范围高温;1 月和 11 月分别出现大范围强降雪,给交通运输、农业生产、人民生活带来极大不便;年内雾、霾天气频现。总体来看,2015 年全省气象灾害为偏轻年份。

湖　北　2015 年,全省平均气温为 16.9℃,比常年偏高 0.5℃;全省平均年降水量为 1262 毫米,较常年偏多 5%;全省大部地区日照时数较常年偏少。2014/2015 年冬季为强暖冬;春季冷暖起伏大,出现极端降水、倒春寒、大风过程;夏季降水大部偏少,气温偏低,出现区域性强降水和局地强对流天气;秋季雨日偏多,出现罕见连阴雨。入春入夏提前,入秋正常、入冬提前。年内主要气象灾害为低温雨雪、暴雨洪涝、强对流、倒春寒、连阴雨及雾霾。2015 年农作物主要生长季没有明显的盛夏高温热害或低温过程,未出现大范围长时间洪涝(或干旱),冷(冻)害影响范围有限,程度也较轻,但春秋连阴雨对春播夏粮油产量形成和秋播的油菜、小麦冬前壮苗的形成带来一定程度的影响。气候条件总体上对农业生产较有利，农业气候年景为正常偏好，全省粮食总产创历史新高。

湖　南　2015年，全省平均气温为18.0℃，较常年偏高0.6℃，为1961年以来第四高；全省平均年降水量为1580.5毫米，较常年偏多12.6%；全省平均年日照时数为1185.1小时，较常年偏少272.0小时，创1961年以来新低。年内主要天气气候事件有：年初气温异常偏高，出现强"暖冬"；入汛伊始，遭遇极端降水；清明刚过，"倒春寒"席卷全省；盛夏气温异常偏低，全年高温日数为2000年以来最少；立冬后迎来罕见冬汛；年末持续阴雨寡照。2015年出现的强降水、连阴雨、低温冷冻害、强对流等灾害性天气给人民群众生产、生活造成了一定影响。与近10年灾情相比，2015年总体灾情为近10年最轻，但是局部地区受灾严重，洪灾损失占灾害损失比例最大。对粮食生产而言，基本无5月低温和寒露风发生，低温冻害和高温热害程度较轻，全年农业气候条件属偏好年景。

广　东　2015年，全省平均气温为22.6℃，较常年偏高0.7℃，仅次于1998年，为有气象记录以来历史次高；全省平均年降水量为1845.6毫米，较常年偏多3%，但时空分布不均；全省平均年日照时数为1735.4小时，接近常年（1755.1小时）。有3个台风和1个热带低压登陆或严重影响广东，较常年偏少；5月5日开汛，较常年偏晚29天，为近37年来最晚；强对流天气频繁，10月4日，顺德、番禺出现罕见龙卷风；霾日数为1994年以来最少。在超强厄尔尼诺事件影响下，2015年广东气候异常，极端天气气候事件频发：10月登陆广东的最强台风"彩虹"重创粤西，5月、12月降水破历史同期最多纪录，粤北、珠江三角洲和粤东5月出现洪涝灾害，全省年平均气温为历史次高，雷州半岛出现罕见的春夏连旱。2015年台风、干旱、强对流等造成的灾害偏重，属于偏差气候年景。

广　西　2015年，全区平均气温为21.5℃，比常年偏高0.7℃，为1955年以来最高；夏季气温正常，冬、春、秋季偏高，其中春季气温为1951年以来同期第四高。全区平均年降水量为1937.0毫米，比常年偏多26%，为1951年以来第二多；春、夏、冬季降水量接近常年，秋季异常偏多，为1951年以来同期最多。全区平均年日照时数为1354小时，较常年偏少165小时，为1952年以来第四少；冬、春季日照时数偏多，夏、秋季明显偏少，其中秋季日照时数为1952年以来同期第二少。年内主要天气气候事件有：低温雨雪霜（冰）冻、暴雨洪涝、台风、高温、干旱、局地强对流、雾霾等，其中以台风灾害影响最为严重。3—4月全区平均降雨量为1951年以来同期最少，部分地区出现春旱；5月旱涝急转，5月和6月暴雨过程频繁，7月出现历史少见的持续大范围暴雨天气过程；全年影响广西的台风偏少，其中台风"彩虹"10月上旬影响广西，是1949年以来10月进入广西内陆的最强台风；11月出现大范围强降雨，桂北出现罕见秋涝；年内高温日数及雾、霾日数比常年偏多。2015年气候对农业、生态环境、水资源、水电、人体健康、旅游业而言属偏好年景，对林业和交通而言属一般年景，对盐业而言属于偏差年景。

海　南　2015年，全省平均气温为25.4℃，比常年偏高0.9℃，与1998年并列为1961年以来最高；全省平均年降水量为1360.5毫米，较常年偏少24.5%，为1961年以来的第六少；全省平均年日照时数为2273.9小时，较常年偏多204.8小时，为1961年以来第五多。全省年平均高温日数46天，为历史最多，出现了多次大范围高温天气过程，以5月中旬至6月下旬最为突出；共有5个台风影响海南，为1949年以来的次少（仅次于2004年），影响强度偏弱，造成的灾害偏轻；由于降水偏少、气温偏高，导致气象干旱持续时间长，局部影响异常严重。年内还发生多起雷雨大风、雷击、大雾等气象灾害，并造成一定的经济损失。总体而言，2015年气象灾害偏轻，气候对各行业影响各有利弊，气候年景属偏好年景。

重　庆　2015年，全市平均气温为18.0℃，较常年偏高0.5℃；冬、春、秋三季气温偏高，夏季偏低。全市平均年降水量为1220.4毫米，接近常年（1125.2毫米）；秋季降水偏多，其余各季均接近常年同期。全市平均年日照时数为1090.3小时，接近常年（1154.5小时）；秋季日照时数较常年同期偏少2成，其余各季均接近常年。年内暴雨过程和站次偏多，国家站累计出现暴雨127站次，较常年偏多2成，发生区域暴雨天气过程9次；高温出现早，强度弱，35℃以上高温日数全市平均为17.6天，较常年偏少3成，累计出现高温过程4次；气象干旱整体偏轻，冬末春初中西部地区相对明显；华西秋雨开始和结束均偏晚，强度正常。总体而言，2015年气象灾害较2014年偏轻，农业气候条件属正常偏好年景。

四　川　2015年，全省平均气温为15.8℃，较常年偏高0.9℃，与2006年和2013年并列为1961年来历史最高，其中春、秋、冬三季偏高，夏季接近常年；平均年降水量为940.4毫米，较常年偏少16.3毫米，其中春、夏、冬三季偏少，秋季偏多。汛期暴雨频次少、范围略小、极端强降水少、区域性暴雨不多，属暴雨偏少偏弱年份；全省气象干旱总体不明显，春旱发生范围大但程度轻；夏旱区主要在盆地西北部，但中度以上旱区范围小于常年同期；伏旱影响范围主要集中在盆地东北和西北部，盆南常年伏旱区未发生伏旱；夏季出现阶段性高温天气，属夏季高温一般年份；秋雨期共55天，比常年短9天，属秋绵雨正常年份；汛期地质灾害略偏多。2015年全省农业气候条件为正常偏好年景；林区大部冬春季平均气温偏高，降水略偏少，森林火险气象等级一般。综合分析，2015年四川省气候条件为偏好年份。

贵　州　2015年，全省平均气温为16.4℃，较常年偏高0.9℃；全省平均年降水量为1353.5毫米，较常年偏多14.6%；全省平均年日照时数为919.2小时，较常年偏少11.8%。各季气候特点为：冬季（2014年12月至2015年2月），全省气温偏高1.2℃，降水量略偏少，日照时数偏多；季内部分地区出现的降雪和冻雨天气对交通及人民生活造成不利影响。春季,气温偏高,降水量偏多,日照时数偏多;部分地区出现的风雹、暴雨洪涝、雷电等气象灾害及其诱发的次生灾害给人民生产生活造成不利影响,局地损失严重。夏季,气温偏低,降水偏多,日照时数偏少;部分地区出现的风雹、暴雨洪涝、滑坡、泥石流等气象灾害及其诱发的次生灾害对农业、交通等行业及人民生活造成不利影响,局地损失严重。秋季气温偏高,降水偏多,日照时数偏少;部分地区出现的强降水天气及山洪、滑坡等次生灾害对农业、交通等行业及人民生活造成不利影响。

云　南　2015 年,全省平均气温为 17.5℃,较常年偏高 0.8℃,与 2014 年并列为 1961 年以来历史次高;四季气温偏高,其中春季气温为 1961 年以来历史同期次高。全省平均年降水量为 1107.0 毫米,较常年偏多 20.8 毫米,为 2009 年以来最多;冬季降水量偏多,为 1961 年以来历史同期最多,春、夏季偏少,秋季偏多。全省平均年日照时数为 2109.9 小时,较常年偏多 89.3 小时;冬季日照时数接近常年同期,春季偏多,为 1961 年以来历史同期第四多,夏季日照偏少,秋季日照偏多。年内主要天气气候事件有:冬季罕见大暴雨、年平均气温和春季气温显著偏高、雨季开始偏晚、初夏高温干旱、强降水事件频发、夏季阴雨寡照、雨季持续时间短等。2015 年发生了暴雨洪涝、干旱、大风、冰雹、雷电、雪灾、低温冷害、霜冻、森林火灾、作物病虫害等气象及其衍生灾害,其中暴雨洪涝灾害偏重,而干旱、低温霜冻、冰雹、大风、雷电等灾害偏轻。就农作物生长气候条件而言,总体上属于一般年景。

西　藏　2015 年,全区平均气温为 5.2℃,较常年偏高 0.5℃;平均年降水量为 394.6 毫米,较常年偏少 55.4 毫米。全区大部四季气温偏高;冬季降水时空分布极不均匀,春季降水正常或偏多,夏、秋季降水偏少;冬、春季日照时数接近常年同期或偏少,夏、秋季接近常年同期或偏多。年内,极端天气气候事件频发,部分地区气温、降水量创历史同期新高;出现了雪灾、干旱、洪涝、冰雹、雷电等灾害性天气,给当地农牧民群众的生命财产、生产生活及交通运输造成了一定影响。

陕　西　2015 年,全省平均气温为 12.8℃,较常年偏高 0.7℃,属正常偏暖年份;全省平均年降水量为 611.6 毫米,与常年基本持平;全省平均年日照时数为 1956.5 小时,较常年偏少 93.6 小时,属正常略偏少年份。2015 年首场透雨偏早 20 天,4 月 1 日关中、陕南出现 1961 年以来最早的区域性暴雨天气。初夏汛雨偏早 8 天,6 月下旬出现暴雨天气,给汉江流域造成严重损失。7 月 24 日至 8 月 2 日连续 10 天出现大范围高强度高温天气,全省超过 35℃的高温有 561 站次,超过 37℃的有 256 站次,超过 40℃的有 7 站次,持续高温给群众生活及生产造成较严重影响。年内发生干旱、高温、风雹、低温冷冻害、洪涝及山体滑坡等灾害,特别是"8.12"山阳山体滑坡、6 月汉中洪涝等重、特大灾害及陕北、渭北地区持续干旱和风雹灾害等,给灾区经济社会发展和人民群众生命财产造成严重影响。综合评估,2015年属于气象灾害一般年份。

甘 肃 2015年,全省平均气温为8.9℃,较常年偏高0.8℃;平均年降水量为364毫米,较常年偏少9%,为近6年最少;年日照时数略偏少。年内,省东南部出现严重春旱和伏旱,局地旱灾较重;大风日数偏多,沙尘暴、扬沙和浮尘日数偏少,利于生态环境改善和空气质量提高;共出现了10次区域性连阴雨,接近常年,5—6月出现两次大范围连阴雨天气;暴雨日数偏少,为2002年以来最少,其中5月、7月、8月出现局地强降水,引发了山洪、泥石流和山体滑坡等气象次生灾害,造成的影响和损失较重;冰雹较常年偏少,但局地受灾严重;初、终霜冻次数偏少,寒潮和强降温次数均为1990年以来最少,部分地方遭受冻害和低温冷害,局地受灾较重;高温日数和干热风次数偏多,分别为近3年和18年最多;个别地方出现雪灾和雷电气象灾害。总体上看,2015年属于气候条件较好的年景。

青 海 2015年,全省平均气温为3.3℃,较常年偏高1.0℃,列1961年以来第四高;夏季气温接近常年,其余三季气温均偏高。全省平均年降水量为346.9毫米,较常年偏少近1成;夏季降水量偏少,其余三季接近常年。全省平均年日照时数为2615.8小时,较常年偏少4.9%,列历史第三少;夏季日照时数偏多,其余三季均偏少。年内主要天气气候事件为:1月青南牧区长时间积雪影响牧业生产,寒潮天气致使部分地区气温创历史最低;2月底都兰遭受暴风雪灾害;3月末柴达木盆地出现特强沙尘暴;5月初农业区低温冻害致作物受灾严重;6月末格尔木发生汛情,道路、交通等设施损失严重;夏季多地暴雨洪涝成灾,并造成人员伤亡;夏季东北部多次出现冰雹,农作物损失严重;秋季中后期全省气温异常偏高,85%的地区平均气温创历史极值;年内高温少雨造成黄河上游来水量持续偏枯,对牧业生产、水力发电及下游供水产生较大影响。2015年,农业区水、热分布不均,农业气象条件一般,加之干旱、冰雹、暴雨洪涝等灾害频发,对农业生产造成了不利影响,农业气候年景属于一般年景;牧业区牧草生长季水、热条件匹配较差,牧草长势年景综合评价为"歉年"。

宁 夏 2015年,全区平均气温为9.5℃,较常年偏高1.0℃,为1961年以来第四高。气温阶段性特征明显,冬季偏暖,春、秋季气温偏高,季节内气温变幅大;夏季总体"凉爽";中北部高温出现晚、持续时间长、强度大;8月下旬最高气温≥30℃日数多,日较差大。全区平均年降水量为277.3毫米,较常年偏多3.4%,为连续第5年偏多。降水时空分布不均,首场透雨出现时间早、范围广、雨量大;春季南部山区降水为1961年以来历史同期第三多;夏季降水持续偏少,气象干旱严重;秋季降水持续偏多,降水量多于夏季;12月12—13日出现强降雪天气,多地降雪量达到1961年以来12月极值。全区平均年日照时数为2791.7小时,较常年偏少 101.0 小时,为连续第五年偏少。秋季日照时数明显偏少,尤其 11 月偏少最明显,全区平均日照时数仅为 151.8 小时,较常年同期偏少 64.5 小时,为 1961 年以来仅次于 1967 年的第二少。2015 年,各地不同程度地出现了异常气候事件及气象灾害,对农牧业生产、人民生活及生态环境造成一定影响,全区气象灾害造成的损失明显轻于 2014 年。

新　疆　2015 年,气温异常偏高,共有 45 个县市年平均气温居历史第一位。北疆和南疆年平均气温均为历史最高值,天山山区略偏高。除天山山区秋季气温略偏低外,其余各季大部分地区气温偏高或略偏高,其中夏季天山山区气温居历史同期第二高,北疆和南疆均为第三高。年降水量大部分地区偏多,除冬季大部分地区及春季北疆大部降水偏少外,其余各季大部分地区偏多或略偏多。秋季北疆降水异常偏多,为历史同期最多。大部分地区开春、终霜冻偏早;初霜冻北疆偏早,南疆偏晚;大部分地区入冬偏晚。冬季最大积雪深度大部分地区偏厚。年内主要天气气候事件及气象灾害有:暴雨洪涝、大风沙尘、冰雹、连阴雨、低温冷害、雷电、大雾、雪灾、高温等,给农牧业及林果业生产、交通运输、人民生命及财产安全等造成了不利影响。2015 年,全疆农牧业气候条件为一般年景。